火炮装备保障性试验

主　编　李建中
副主编　胡敬坤　刘　恒　孙义阳　杨　杰

西安电子科技大学出版社

内 容 简 介

本书针对火炮装备定型阶段保障性试验鉴定的要求，系统地分析了火炮装备保障性试验的意义和目的，重点阐述了火炮装备保障性试验的程序和评估方法。全书共分 9 章，内容包括绪论、火炮装备保障性要求分析、保障性要求参数指标体系构建、保障性试验总体、保障性设计特性试验、保障资源试验、保障性综合试验、保障性试验评估软件系统及软件保障性试验展望。

本书可供从事武器装备论证、研制、试验、培训、教学等相关工作的人员使用，也可供高等院校相关专业的学生使用。

图书在版编目(CIP)数据

火炮装备保障性试验 / 李建中主编. --西安：西安电子科技大学出版社，2023.12
ISBN 978-7-5606-7100-0

Ⅰ. ①火… Ⅱ. ①李… Ⅲ. ①火炮—测试技术 Ⅳ. ①TJ306

中国国家版本馆 CIP 数据核字(2023)第 213286 号

策　　划　刘玉芳
责任编辑　刘玉芳
出版发行　西安电子科技大学出版社(西安市太白南路 2 号)
电　　话　(029) 88202421　88201467　　邮　　编　710071
网　　址　www.xduph.com　　电子邮箱　xdupfxb001@163.com
经　　销　新华书店
印刷单位　西安日报社印务中心
版　　次　2023 年 12 月第 1 版　2023 年 12 月第 1 次印刷
开　　本　787 毫米×960 毫米　1/16　　印张 10
字　　数　171 千字
定　　价　39.00 元
ISBN　978-7-5606-7100-0 / TJ
XDUP 7402001-1
如有印装问题可调换

前　言

保障性是指装备的保障特性和计划的保障资源满足平时和战时使用要求的能力。装备保障性的好坏主要体现在两个方面：一是装备便于保障、容易保障的能力；二是装备研制阶段规划的保障资源能满足使用要求的程度，及在需要保障时有保障资源实施保障工作的能力。为了使新研装备在交付部队后形成保障能力且不影响战斗力，装备在研制过程中需通过对保障资源等进行试验与评估，以发现保障资源存在的问题，验证保障资源是否达到了规定的功能和性能要求，评估保障资源与装备的匹配性以及保障资源的协调性，评估保障资源的利用充足程度，验证保障系统能力与保障的战备完好性要求是否相适应。而火炮装备保障性试验就是为确定火炮装备系统和分系统是否满足规定的技术要求和产品规范，通过评估火炮装备的保障性水平、检查保障资源是否与主装备相匹配，从而确保装备达到预定的战备完好性水平。

我国从 20 世纪 80 年代开始装备综合保障的研究工作，从装备设计、研制到生产等各个环节都非常注重保障性要求，保障性试验更是评估装备保障资源战备完好率的重要手段。笔者结合近几年开展装备试验鉴定工作的经验，在总结有关火炮装备保障性试验研究成果的基础上，编写了本书。

本书共分为 9 章。第 1 章绪论，主要对火炮装备的特点、作战使命及火炮装备保障性发展历程等进行了介绍；第 2 章火炮装备保障性要求分析，从装备作战运用、军事训练、日常管理等方面阐述了保障性要求及分类；第 3 章保障性要求参数指标体系构建，主要对装备保障性指标确定以及典型火炮装备保障性参数指标的建立进行了分析；第 4 章保障性试验总体、第 5 章保障性设计特性试验、第 6 章保障资源试验、第 7 章保障性综合试验，主要介绍了装备保障性试验程序、要求以及试验项目，这几章是本书的核心内容，为了让读者能够看懂并能够熟练运用，笔者在编写过程中尽量做到通俗易懂、由浅入深，力争让读者能够尽快掌握火炮装备保障性试验的总体思路、试验方案的制定、试验方法的优化及装备保障资源的试验评估；第 8 章保障性试验评估软件系统，对某型火炮装备保障性试验软件系统进行了详细介绍；第 9 章软件保障性试验展望，对软件保障性试验的未来发展做了展望。

本书第 1 章至第 6 章由李建中编写，第 7 章由孙义阳、杨杰编写，第 8 章由胡敬坤编写，第 9 章由刘恒编写。全书由李建中统稿。本书在编写过程中参考了相关国家军用标准及大量资料、教材、著作的成功经验和案例，更有许多同志在本书的编写过程中提出了大量宝贵意见，在此一并表示衷心的感谢！

由于编者水平有限，书中难免有不妥之处，恳请广大读者批评指正。

编　者

2023 年 4 月

目　录

第 1 章 绪 论

1.1 火炮装备概述

1.1.1 火炮装备的定义

火炮装备是一种口径在 20mm 以上(含 20mm)、以发射药为能源发射弹丸的身管射击武器。火炮装备可对地面、水上和空中目标射击，用以歼灭、压制有生力量和技术兵器，摧毁各种防御工事和其他设施，击毁各种装甲目标或完成其他特种任务。

20 世纪 70 年代以来，随着微电子技术、新材料、新能源在军事上的广泛应用，火炮装备的自行化、自动化、系统化程度显著提高，侦察、指挥手段不断更新，弹药更加多样化。现代火炮装备的战术技术性能有了很大的发展，逐渐形成了一系列火炮装备系统。

火炮装备系统是现代火炮的火力系统、火控系统、通信与管理系统、防护系统、运行系统等的统称。火力系统包括发射系统和弹药系统，其中发射系统一般包括架体部件、操瞄部件和后坐部件等。火控系统随炮种不同而不同，一般包括射击诸元求取、瞄准控制和射击控制等子系统。通信与管理系统包括有线或无线信息接收与发送、信息处理、全炮运行操作控制等子系统。防护系统包括装甲防护、主动防护、被动防护及三防(防核、防生物、防化学)装置等子系统。运行系统对自行火炮指的是履带式底盘或轮式底盘，对牵引火炮则指其车体、车轮等运动部分。由于火炮品种繁多，因此，作战使用要求不同，其系统组成也不同，且系统的分类也不尽相同。火炮威力的大小、性能的优劣是火炮系统综合性能的体现，因此必须从全系统出发，对火炮系统的各分系统进行优化组合。如此复杂的火炮装备，为其在战争中的保障以及保障效能的鉴定试验带来了挑战。

1.1.2 火炮装备的分类

炮兵要歼灭或压制各种各样的目标，对付各种不同的目标时需要不同形式的火炮装备。

火炮装备的分类是人们为了使用、研究或管理等方面的需要，按照不同特点而设置的，因此分类的方法很多，常见的火炮装备分类如图 1-1 所示。

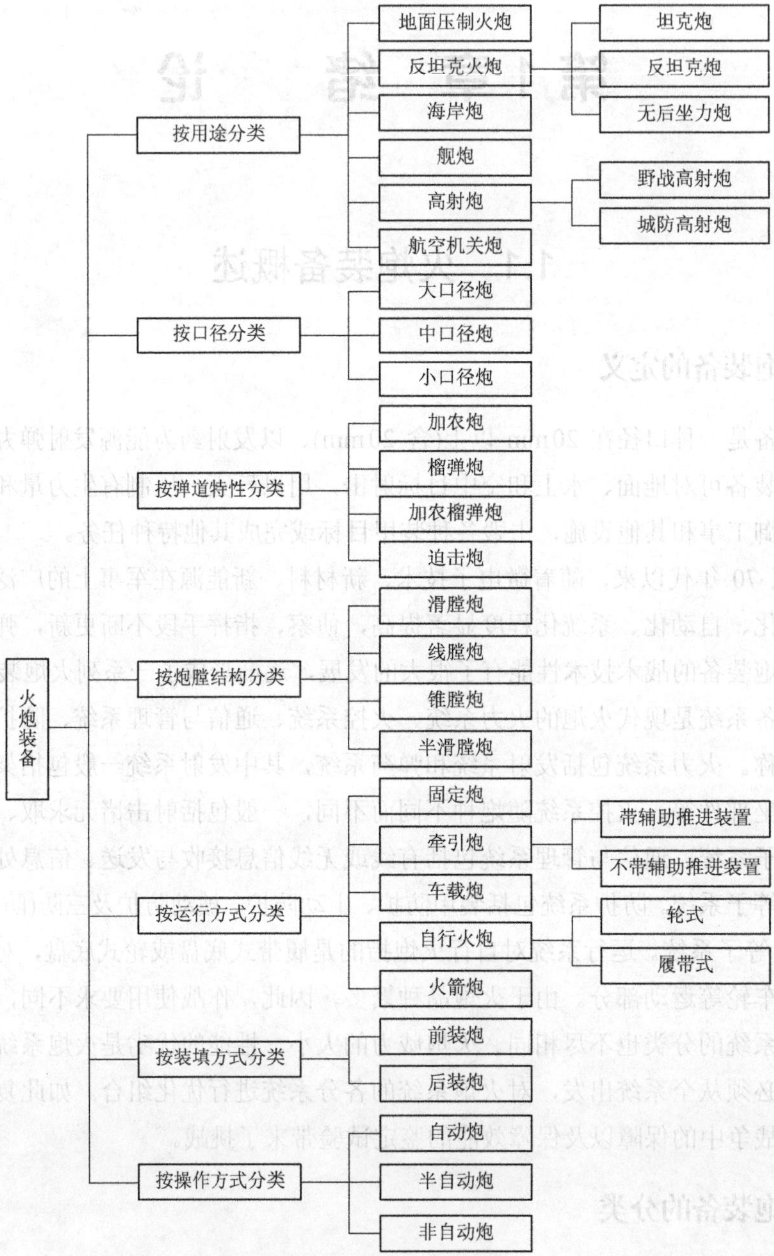

图 1-1 火炮装备的分类

这里再简单介绍最常用的按口径分类和按弹道特性分类两种方法。火炮装备按口径的不同，分为大口径炮、中口径炮和小口径炮。高射炮口径在 100 mm 以上的为大口径，60 mm 至 100 mm 的为中口径，小于 60 mm 的为小口径；地面炮口径在 155 mm 以上的为大口径，75 mm 至 155 mm 的为中口径，小于 75 mm 的为小口径；舰炮口径在 130 mm 以上的为大口径，76 mm 至 130 mm 的为中口径，小于 76 mm 的为小口径。

火炮装备按弹道特性的不同，分为加农炮、榴弹炮、加农榴弹炮和迫击炮，这种分类方法较好地反映了目标特点、火炮性能与火炮结构之间的相互联系。弹道特性主要指外弹道特性，即弹道是低伸的还是弯曲的。一般初速大、弹道平直低伸、射程远、威力大者称为加农炮；初速较小、弹道比较弯曲、射程较远者称为榴弹炮；兼有上述两种火炮的弹道特点的称为加农榴弹炮；初速小、弹道十分弯曲且射程较近者称为迫击炮。

1.1.3 火炮装备的战术技术指标要求

火炮装备的战术技术指标要求是指对准备研制或生产的系统提出的作战使用和技术性能方面的主要要求，它是进行火炮设计、生产和定型的根本依据。火炮装备的战术技术指标要求通常是由使用单位根据战术思想、战术任务、战斗经验、未来战争的作战方式与特点以及国情、国力等多方面因素综合提出，然后由相关部门结合科学技术水平、国家的经济能力和生产能力等进行全面分析和论证，最后针对某种火炮类型具体定出的。火炮装备的战术技术指标具体包括火炮威力、火炮机动性、火炮寿命、快速反应能力、战场生存能力、可靠性、维修性、测试性、保障性等，下面简要进行介绍。

1. 战斗要求

1) 火炮威力

火炮威力是指火炮在战斗中能迅速地压制、破坏、毁伤目标的能力，由弹丸威力、远射性、直射距离、高射性、射击精度和速射性等主要性能构成。

(1) 弹丸威力：弹丸对目标杀伤或破坏的能力。

(2) 远射性：火炮能够毁坏、杀伤远距离目标的能力，通常用最大射程表示。对于反坦克炮和高射炮，其直射距离、有效射程、高射性比远射性更有意义。

(3) 直射距离：在规定射击条件下，弹丸的最大弹道高等于给定目标高(一般取 2 m)时的射击距离。影响直射距离的主要因素是目标高和弹道参数。

(4) 高射性：火炮能够毁伤高空目标的能力，通常用最大射高与有效射高表示。

(5) 射击精度：射击密集度和射击准确度的总称。射击密集度是指火炮在相同的射击条件下进行多发射击时，弹丸的弹着点(炸点)相对于平均弹着点(散布)中心的密集程度。

(6) 速射性：火炮快速发射炮弹的能力，通常用射速来表示。射速指火炮在单位时间内发射炮弹的数量。

2) 火炮机动性

火炮机动性是火力机动性和运动性的总称。火炮机动性这一指标反映了火炮武器装备能否准确而迅速地提供火力，有效地保存火炮自身的战斗力，以充分体现火炮的奇袭性。

3) 火炮寿命

火炮寿命是指火炮在一定条件下自然使用能够保持其战斗性能要求的特性(在战场上意外遭到破坏的情况除外)。

4) 快速反应能力

快速反应能力通常是指火炮系统从开始探测目标到对目标实施射击全过程的迅速性能，以“反应时间”表示，单位为 s。

5) 战场生存能力

战场生存能力是指在现代战场条件下，火炮能保持其主要战斗性能并在受到损伤后尽快地以最低的物质技术条件恢复其战斗性能的能力。

2. 勤务保障要求

在勤务保障方面，对火炮的主要要求是性能稳定可靠、操作安全、维修保障简单方便，即可靠性、维修性、测试性和保障性，这些性能直接关系到火炮战斗性能的实现。

1) 可靠性

可靠性是指装备在规定条件下和规定时间内完成规定功能的能力。可靠性是一项综合性工程，有其自身的理论基础、特定的技术和组织管理。有时将其分为三个基本方面进行研究，即可靠性(R)、有效性(A)和维修性(M)，简称 RAM 问题或 RAM 技术。可靠性工程的基本任务是为达到装备可靠性要求而进行的一系列设计、试验和生产工作，并据此按照一定的要求和程序编制成可靠性大纲。可靠性的特征量有可靠度、失效率、平均故障间隔时间和失效前平均时间等。

2) 维修性

维修性是指火炮在寿命期内经过维护和修理可以保持或恢复其正常功能的能力。维护是根据规定对火炮进行的预先检查和保养措施。

装备可靠性和维修性的综合成效体现了装备的有效性，其特征量是有效工作概率。

3) 测试性

测试性定义为系统及设备能及时、准确地确定其工作状态(如可工作、不可工作或工作性能下降)并隔离其内部故障的一种设计特性。测试性通常用故障检测率、故障隔离率或虚警率等进行度量。

4) 保障性

保障性是系统的设计特性和计划的保障资源能满足平时战备及战时使用要求的能力。它通过可靠性、维修性设计和测试性设计等来保证武器装备具有规定的保障性设计特性，并通过保障性分析使武器装备的设计特性与所要求的保障资源实现最佳配合，保证以最低的寿命周期费用获得规定的保障性。

此外，人机环境、作战适用性和作战效能等指标要求也是度量火炮武器装备的重要参数。

1.1.4 火炮装备的结构性能特点

本节主要介绍坦克炮、自行火炮、车载炮的结构性能特点，为后续进行火炮装备保障性试验的案例分析奠定基础。

1. 坦克炮的结构性能特点

坦克炮主要用于歼灭敌人的坦克和其他装甲目标，消灭敌有生力量及火器，摧毁敌防御工事。坦克炮主要有以下特点：

(1) 坦克炮威力大。坦克炮具有膛压高、初速大、弹道低伸、射击精度高、结构紧凑、后坐距离短、操作简便等特点，能远距离穿甲，是重要的反坦克武器。坦克炮一般采用自动或半自动装甲弹，射速大。

(2) 坦克炮的身管长、质量大。坦克炮的身管长一般在40倍口径以上，主要采用直瞄射击。坦克炮与口径相当的榴弹炮相比，前者的身管比后者的长1/3。现代坦克炮的炮身属于长身管加农炮类型，身管长一般为口径的50～60倍。

(3) 炮塔的旋转可通过操纵台或人手借助动力传动装置或电动液压传动装置来实现，使坦克炮有360°的方向射界，即可进行圆周射击和迅速射击，因此火力机动性好。

(4) 具有完善的、先进的炮膛轴线和瞄准线的稳定系统、火控系统、昼夜观瞄系统、随动系统，可以行进间射击。

(5) 适于发射多种弹，如穿甲弹、破甲弹、碎甲弹、照明弹、烟幕弹、小型导弹以及火箭增程弹等。

(6) 采用抽气装置。抽气装置是将射击后残留在炮膛内的火药燃气及残渣从炮口排出的装置。

(7) 采用身管热护套。热护套是一种为了减少身管热弯曲变形而装在身管外表的由绝热材料或导热材料制作的筒形包覆物。

2. 自行火炮的结构性能特点

自行火炮是一种可以长距离自行机动的火炮，国军标将其定义为“同履带车或轮式车底盘构成一体，可长距离运行的火炮”。自行火炮主要有以下特点：

(1) 机动性能好。自行火炮具有与坦克炮相同的机动性，自行火炮的行驶速度一般为30～70 km/h，最大行程一般为 250～700 km，具有极好的越野能力，可以伴随坦克及机械化部队作战，并进行有效的火力支援。自行火炮行军战斗转换快，能迅速占领、撤出阵地和跟随机械化部队开进，方向射界一般为360°，便于实施兵力和火力机动。

(2) 自动化程度高。自行火炮广泛采用火控系统，可实施半自动或自动操瞄、装填。

(3) 火力及持续作战能力强。自行火炮大多能发射普通弹、子母弹、末制导炮弹或炮射导弹，爆发射速较高，最大射程较远，能实施全方位、大纵深、快速高效的火力突击；可携带一定数量的弹药(3～80 发，小口径自行高炮携带弹药更多)，使自行火炮有较好的持续作战能力。

(4) 防护能力强。自行火炮吸收了坦克装甲防护好的优点，车体装甲厚度一般为 10～50 mm。多数自行火炮具有密封型炮塔、高平两用机枪、集体三防(防核、防生物、防化学)装置、自动灭火抑爆装置和烟幕发射装置。

(5) 自行火炮自重大，结构强度好，提高了火炮射击稳定性和静止性。

(6) 通信能力强。炮内装有自行火炮专用通信系统，可在静止、运动中实施有效的数字和语音通信，通信距离一般为 20～25 km。车内乘员间还有专用的通话系统，以克服车内噪声的干扰。

(7) 对技术保障和后勤保障能力要求高、依赖性强，组织较复杂。

3. 车载炮的结构性能特点

车载炮是一种将传统牵引火炮、牵引车、自动供输弹系统、信息系统等有机集成为一体的现代火炮系统。车载炮作为压制火炮的一个新成员，巧妙地结合了自行火炮“自助行动”和牵引火炮“简单实用”的优点，在大口径压制火炮战技性能和列装成本的天平上取得了良好的平衡。车载炮主要有以下特点：

(1) 保持了传统火炮的火力性能。车载的范围涵盖了加农炮、加农榴弹炮、榴弹炮，以及迫击炮、无后坐力炮、高射炮甚至火箭炮、导弹、布扫雷弹发射器等各类火炮系统。作为一种优良的武器平台和载体，车载炮的火力性能保持了传统火炮的特色。

(2) 良好的信息化、数字化设备机动平台。车载炮“车炮一体”的结构形式使其有较充裕的空间，不仅能够为各种信息化、数字化设备提供较大的安装空间的选择，还能为这些设备提供电源、液压源和高压气源，为提高火炮的自动化、信息化、数字化水平打下良好的技术基础。这样，车载炮就不是车与炮简单结合在一起的产物，而是车与炮融为一体的数字化、自动化的新概念火炮。

(3) 机动性能良好。质量较轻的汽车底盘使车载炮具备一定的越野能力和优良的战术机动性能，尤其是能够依托公路网实施快速的摩托化机动。

(4) 战略机动性好。车载炮实现了汽车与火炮的完美结合，相对于自行火炮庞大而沉重的身躯，具有更轻的战斗全重；相比牵引式火炮“携家带口”的烦琐情形，具有更小的外形尺寸。这些优势，使得车载炮更适于空运、空降等战略远程投送，战略机动性好。

(5) 价格相对低廉。为适应现代战争的需要，各国军队的陆军野战炮兵都在寻求炮兵主战火炮的自行化、信息化。自行火炮构成复杂，身价不菲，全寿命周期费用更是高得吓人，经济欠发达国家不仅没有能力研制，使用维护也是一个沉重负担，因而限制了其普及，许多国家的军队因经费不足而在自行化的道路上艰难缓慢地发展。车载炮的出现，成为低成本的实现机动能力、信息能力的最佳选择，将为更多国家的军队实现炮兵自行化和信息化提供一条捷径。对于那些经济比较落后的国家来说，用较少的军费来实现火炮自行化和信息化，大幅度全面提高火炮的作战效能，从军事效益的角度看是一种更便宜、更划算的选择。

1.1.5　火炮装备的作战使命和任务

火炮装备是战场上常规武器的火力骨干，配置于地面、空中、水上等运载平台上，具有火力密集、反应迅速、抗干扰能力强、可以发射制导弹药和灵巧弹药以实施精确打击等特点。

火炮装备的作战使命主要体现在以下几个方面：

(1) 进攻时用于摧毁敌方的防御设施，杀伤有生力量，毁伤装甲车辆、空中飞行物等运动目标，压制敌方的火力，实施纵深火力支援，为后续部队开辟进攻通道。

(2) 防御时用于构成密集的火力网，阻拦敌方来自空中、地面的进攻，对敌方的火力进行反压制。

(3) 在国土防御中用于驻守重要设施、进出通道及海防大门，具有对中远程地面目标进行精确打击的能力和快速反应与快速机动的能力。

(4) 可与其他炮兵种、军种协同作战，有效打击敌方各种有生力量和装备。

火炮装备主要遂行的战斗任务有：阵地进攻战斗任务、城镇进攻战斗任务、穿插迂回战斗任务、反空降战斗任务、先遣战斗任务、仓促防御战斗任务和夺控要点任务等。

1.2 装备保障性试验与评估概述

保障性是指系统或装备的设计特性和规划的保障资源能满足平时战备及战时使用要求的能力。设计特性主要指装备的可靠性、维修性、测试性、安全性以及环境适应性等，体现了装备满足使用和维修要求的由设计所赋予的特性。规划的保障资源是指为保证装备平时战备和战时使用要求所规划的保障人力、备件、保障设备与工具、技术资料、训练保障资料、计算机保障资源、保障设备以及包装装卸储存和运输资源等。保障性是一种与使用能力有关的体现，是与装备保障有关的特性。

火炮装备保障性试验与评估就是验证火炮装备是否达到了规定的保障性设计特性，是否满足了保障资源和系统战备完好性的要求。

1.2.1 装备保障性试验与评估的国内外发展概况

1. 国外发展概况

国外开展保障性试验与评估工作已有 40 多年的历史，特别是美、法、德等国的军队在这一领域中取得了较为明显的成效。

1) 美军装备保障性试验与评估的发展概况

美军在20世纪60年代中期便已开始进行装备综合保障的研究工作，特别是在装备保障性试验与评估方面制定了比较系统、完整和科学的监督、管理、执行体系及相关的指令文件和标准。如美国防部长办公室(OSD)下属的使用试验与评估(DOT & E)办公室，担负着装备保障性试验与评估的监督指导和决策工作，其职责之一就是防止计划制定不及时或与其他计划不协调、目标和要求表达不充分、试验准备工作不完善、缺乏必要的数据、发生不合乎实际的试验条件等各类影响装备保障性试验与评估结果的因素和问题，减少保障性问题决策的失误。为了规范管理，美军还出台了适用于不同军兵种的装备保障性试验与评估的指令、标准和手册，明确了采办周期中的装备保障性试验与评估的分类和实施时机。

美军的许多出版物中对保障性试验与评估进行了较为全面详细的介绍，其中包括研制试验与评估、使用试验与评估、后勤演示试验与评估、部署后保障性试验与评估、各类保障资源试验与评估等，在每类保障性试验与评估中都对评估的目的、评估范围、采办各阶段评估与试验应注意的问题、试验与评估规划、要获取的数据资料、试验与评估内容等作了较具体的规定。比如，美军防务采办学院编著的《综合后勤保障指南》较为完整地描述了美军装备保障性试验与评估的做法。

21世纪初开始，美军开始为适应新军事形势要求进行政策更改和机构重组，其中，对装备保障性试验与评估转型建设的要求，主要表现在以下几个方面：

(1) 尽可能地把研制试验工作与作战试验工作结合起来，以便更有效地利用试验资源与试验品；

(2) 让承包商完成更多的研制试验，促使承包商承担更多的研制风险，并在整个研制过程中能不断地进行试验；

(3) 在系统研制中使试验部队尽早介入，尽快暴露出潜在的问题，并更经济有效地加以解决；

(4) 在系统研制及试验与评估工作中，通过应用建模和仿真技术与手段，可在许多不同的环境条件下迅速进行多次重复试验，以节约费用和时间；

(5) 尽可能地把试验与培训结合起来，让用户在设计过程的早期就操作装备，从而能从用户那里得到有价值的反馈意见，并及早了解其在战场上的作战性能。

总的来说，美军的试验与评估有规范的指导文件支持，有优秀的评估方法作为理论基础；拥有丰富的专业评估软件库；较好地将保障性试验与评估和新装备的研制相结合；整个试验与评估过程有法可依，有章可循，程序清晰，运行有序。

2) 法军装备保障性试验与评估的发展概况

法国国防部下属的武器装备总署负责装备的研制和生产，旨在以最低的研制成本，及时向法国武装力量提供必要的装备，该署组织机构中的试验与鉴定中心管理局负责装备的试验与评估工作。武器装备项目管理的核心是一体化的跨学科小组，试验与评估工作由一体化项目小组管理、组织和协调。一体化项目小组有一个项目主任及若干直属助手，小组的其他成员由技术和管理专家、武装部队参谋部的代表和工业界人员组成。试验与评估的过程是：项目主任和工业公司在装备成熟时对其进行试验，在系统级和子系统级保证装备满足技术要求；武器装备总署在认为试验结果和装备符合技术要求后，宣布装备合格；军种参谋长在认为装备符合军事需求后，批准装备投入作战使用。试验种类分技术试验(由制造商负责制造、设计和调整性试验，由武器装备总署负责控制技术设计合格性的试验)、作战鉴定和实验的试验(军种负责的试验)。各类试验和评估都涉及保障性方面的要求，由一体化项目小组为项目试验与评估制定一个总体计划，还必须制定一个共同的试验计划，以协调所有试验和合作。对于非常复杂的试验可以成立一个一体化试验小组，由制造商、武器装备总署和武装部队派代表参加。为了尽量减少装备的研制费用和交付时间，一体化小组尽可能将各方进行的试验结合起来，并利用计算、模拟和现有数据库，提供各种经济有效的方法，减少试验费用。

3) 德军装备保障性试验与评估的发展概况

由联邦国防部管理的德国联邦军事技术与采办总署(BWB)独立运作，负责武器装备系统的项目确定、研制、工程、试验与评估、生产和采购。BWB 采购的每一个武器系统或每一件装备都要经过一系列的试验活动，例如工程试验、技术试验、部队试验和后勤试验，以保证部队能使用。首先是承包商在系统研制时的试验，然后在 BWB 项目主任的指导下，由 BWB 的试验中心进行技术与工程试验，以保证该系统设计和保障性达到合同要求。后勤保障能力和作战能力的试验则由军种院校和用户负责，以保证装备满足军种要求。德国各军种行使试验职能的组织结构不尽相同，在 BWB 试验完成后，陆军和空军的保障司令部为每一类装备组成一个“试验小组”，试验完成后小组将解散；海军保障司令部设有单独的试验司令部，负责计划和实施舰队使用前的试验，其试验计划从研制阶段开始制定。

2. 国内发展概况

20 世纪 80 年代后期，国内翻译了一大批国外有关综合后勤保障的资料，并积极跟踪国外综合后勤保障的发展动态，开始了装备综合保障的研究。此后，越来越多的人开始认识和理解综合保障，对综合保障的应用也越来越重视。20 世纪 90 年代初期，国内开始了有关装备综合保障的国家军用标准编制工作。如有关装备综合保障的顶层标准有 GJB 8892.11—2017《武器装备论证通用要求——保障性》、GJB 3872—1999《装备综合保障通用要求》、GJB 1371—1992《装备保障性分析》和 GJB 3837—1999《装备保障性分析记录》。另外，GJB 1909—1994《装备可靠性维修性参数选择和指标确定要求》、关于试验与评估管理用的 GJB 899—1990《可靠性鉴定与验收试验》、GJB 179—1986《计数抽样检查程序及表》、GJB 2072—1994《维修性试验与评定》等也颁布实施，对装备综合保障提供了强有力的支持。90 年代后期，随着装备综合保障工作的工程应用，开始了装备保障性试验与评估的研究。

目前，国内在型号研制中基本实现了装备功能、可靠性、维修性的同步设计，装备的可靠性、维修性能力得到一定的提高。但是，在通过保障性试验与评估、验证新研装备是否达到规定的保障性要求、查找保障性问题的工作上，还不是很系统，还没有形成一套科学、完善的保障性试验与评估的内容方法体系及管理运用机制。

为顺应保障性试验开展的要求，2012 年颁布了 GJB 7686—2012《装备保障性试验与评价要求》，该标准规范了保障性试验与评价的概念、统一了专业术语、区分了试验类型、提出了总体要求，标志着国内在保障性研究领域取得了重大的进步，为指导装备保障性试验提供了技术支撑。

1.2.2 装备保障性试验的地位和作用

1. 装备保障性的地位和作用

装备保障性直接影响装备的战备完好性和任务成功性，成为装备形成战斗力的基础；此外，在装备研制过程中，装备保障性对改进装备的质量特性与改善装备费用效能具有举足轻重的影响。提高装备各系统、设备和部件的可靠性，将减少故障发生的次数，有助于提高装备的战备完好性和任务成功性，保证装备具有快速出动和持续作战的能力；改善维修性、测试性和保障性，减少装备在地面维护和修理的停机时间以及装备再次出动的准备时间，可提高装备的出动能力，同时还可减少装备战场损伤修理时间，提高装备再次投入作战的能力；缩小装备的后勤保障规模将减少使用和保障费，意味着可采购更多的装备，从而增加战斗力。

国内外的统计数据显示，使用和保障费用占装备寿命周期费用的 60%～70%，提高装备的保障性水平能减少故障发生次数和维修次数，而且使故障检测、维修更容易，从而可提高维修工作效率，减少维修人力，减少对备件、保障设备和器材的供应量，减少对维修人员的技术等级要求和培训要求，进而可降低装备的使用和保障费用。

2. 装备保障性试验的地位和作用

装备保障性是装备的固有特性，是设计出来的、生产出来的、管理出来的。其中设计最为重要，只有把装备保障性设计到装备中去，才谈得上生产过程和使用过程的保证。如果在设计阶段装备保障性存在隐患，到生产阶段发现问题后再考虑，势必花费更多的时间和代价，有的问题则根本无法解决，带来“先天不足，后患无穷”的局面。统计表明，在装备从论证、研制直到使用、报废的全过程中，由于可靠性、维修性、保障性等缺陷带来的经济损失和消耗是以指数级的变化增长的。

装备保障性试验是实现装备保障性目标的一种有效的控制手段，是贯穿装备寿命周期的一系列工作。若不在研制中把好装备保障性关，尽管其研制初期可能投入较少的费用，但是装备研制后期的费用以至整个使用阶段的保障费用将大大增加。由于装备保障性水平低，造成花费大量资金研制生产出来的装备交付部队后，可用性低、保障费用高，甚至长期形不成战斗力的教训是很深刻的。在装备研制过程中，保障性试验主要有以下几方面的作用。

1) 及早发现问题和消除风险

装备保障性试验是发现装备研制问题和消除风险的有效手段。据统计，在装备研制结束时，其全寿命周期费用已几乎完全被固定了，其后各种决策的作用微乎其微。当方案阶段结束时，全寿命周期费用已固定了 70%，全面工程研制之前，全寿命周期费用已固定了 85%。因此，试验越充分，发现装备存在的保障性缺陷越早，问题就越容易解决，所需费用越小。

通过装备保障性试验，可以及时发现和了解装备保障性设计方面存在的缺陷，以便在装备生产与列装前使这些问题得到解决。反之，试验验证不充分将导致有缺陷的装备被列装到部队，给作战部队执行任务带来许多问题，直接影响部队战备训练任务的完成。

2) 检验关键技术和改进方案

装备保障性试验可以检验装备研制中采用的关键技术和设计方案的正确性及适用性，评估装备达到保障性指标要求的程度，为装备研制的系统工程管理与决策提供反馈信息。

通过试验，找出装备能力的不足以及造成不足的原因，可为发现和改进装备研制中的保障性缺陷提供支持。围绕“如何才能暴露装备保障性的弱点”尽早开展试验工作，有利于系统研制过程的推进，将“质量”设计到装备中。

3) 辅助装备转阶段决策

装备保障性试验可以评估装备的保障性设计技术性能、规范、技术成熟度的达标情况，以确定当装备用于预期的用途时，是不是有效、适用和可生存的，为装备转阶段评审及项目成熟性评估及时提供所需的决策信息。

4) 为建模与仿真提供验证数据

建模与仿真在装备保障性中的应用已日趋广泛，已大量用于装备论证与效能分析、研制、训练等方面。但是，如果建模与仿真的可信性得不到保证，就会影响其应用的质量。装备保障性试验提供的信息可为保障性建模与仿真提供校验数据，支持对仿真模型的校核、验证与确认，识别出模型需要进一步修正的地方，从而提高模型的可信度。

5) 保证列装部队装备的质量

经过装备保障性试验，特别是定型试验，由承试单位对装备保障性进行严格和全面的考核，可以检验装备是否在其寿命周期内可靠、易于使用和维护，消除部队在使用装备方面承担的各种风险。例如，火炮装备配属的弹药一般应进行运输安全跌落试验，这样就可以保证弹药在搬运或吊装过程中不慎从一定的高度跌落时，不会发生爆炸等重大安全事故，因此，试验是保证装备质量的重要前提。

1.2.3 装备保障性试验的分类

保障性试验是指为确定装备保障性设计及保障系统对预定用途是否有效和适用，通过对装备及其保障系统进行试验，对试验结果进行分析，将试验结论与设计要求和设计规范进行比较，以评估装备保障性及保障系统设计及使用效果，并提出改进措施的一系列工作。

保障性试验是获取保障性相关定性或定量信息的手段，可以是针对实际系统开展的实物试验，也可以是针对虚拟系统开展的仿真试验。这些定性、定量信息除了依赖试验手段获取外，还可以通过分析的方法确定。保障性评估则是在获取相关保障性定性或定量信息的基础上，对这些信息进行审查和分析，然后做出保障性是否满足设计及使用要求的决策过程。

1. 按阶段分类

按照阶段分类，保障性试验可分为保障性研制试验和保障性使用试验。保障性研制试验是在整个装备采办过程中为工程设计和研制提供协助，验证装备是否达到保障性要求而实施的试验。其主要针对需求方提出的保障性要求进行。在装备研制的不同阶段，应将试验工作集中于保证保障性中所有关键的要素都能得到试验。

保障性使用试验是对武器系统、设备或装备在部队真实的条件下进行的现场试验，从保障的角度验证装备的使用适用性等是否满足用户要求。保障性使用试验应由独立的试验机构负责，要进行多件试验，要建立实际的或战术的环境与使用预案，严格限制承包商介入，应使用部队新近接受装备训练的人员和能代表生产状态的受试品进行试验。

2. 按试验内容分类

单项专门保障性试验是针对保障性设计特性参数的试验，包括可靠性试验、维修性试验、测试性试验、安全性试验、环境适应性试验等。

保障性验证试验是为了考核装备保障性是否适用，是利用原理样机和主要保障设备、测试设备进行的非破坏性试验。该试验可与维修性验证试验同时进行，试验中，主要评估保障设备(测试测量、诊断设备及工具)、使用和维修手册、人员数量与技术等级要求与火炮装备的匹配及协调程度，同时考虑维修备件、维修时间的分配等。在保障性综合试验中，尽量将火炮装备部署于接近实战的环境中，包括按照战斗想定的作战演练模型、按照使用装备部队的战斗编成、使用规定的作战条令与战术原则、由培训后的专业维修人员操作，按照制定的保障方案进行保障性试验。

3. 按保障性要求分类

与保障性设计要求有关的试验主要利用装备可靠性、维修性、测试性等试验数据，进行综合与分析，包括可靠性试验与评估、维修性试验与评估、测试性试验与评估、安全性试验与评估等。

与保障资源要求有关的试验是针对与装备配套的各种保障资源的试验，包括保障资源的试验、保障活动的试验和保障性综合参数的试验。

保障资源的试验主要针对备件保障、保障设备、保障设施、技术资料、计算机资源和保障人员等的特点，采用适当的方法给出定性、定量的评估结果。

保障活动的试验主要是对关键的保障活动，重点是训练保障、包装、装卸、储存、运输和供应保障等，按照事件—活动—作业层次进行实际的试验测试，给出针对每一项关键保障活动的定性、定量的评估结果。

保障性综合参数的试验主要根据装备的设计特性和保障资源配置情况，对资源总体规模或保障系统特性进行试验，包括战备转级时间、战斗准备时间和可用度等试验。有时根据准备和执行任务不同还开展准备时间、执行任务率等试验，或建立相应的仿真模型，进行仿真试验，以验证装备是否满足规定的战备完好性。

1.2.4 装备保障性试验与评估的时机

保障性试验与评估贯穿于火炮装备全寿命周期，具体分为研制阶段保障性试验与评估和使用阶段保障性试验与评估两个阶段。

1. 研制阶段保障性试验与评估

研制阶段保障性试验与评估的目的是不断完善保障系统、保障计划和保障方案。针对火炮装备，在论证阶段，主要完成保障性指标论证，确保保障系统要求，分析和评审保障性指标的适用性、可实现性以及达到指标的费用，检查保障性指标的科学性、合理性、适用性；在方案设计阶段，主要进行火炮保障性设计，评估设计方案的正确性，发现问题及时纠正；在定型试验阶段，主要对保障性设计特性、保障资源、综合保障进行试验与评估，是火炮装备定型的重要内容，也是定型的重要依据，是火炮装备服役前最为重要的工作之一。

2. 使用阶段保障性试验与评估

火炮装备部队服役初期，在定型阶段保障性综合评估和初始使用阶段形成基本作战单元的基础上进行现场初始使用评估，利用使用、维修、供应等数据对火炮战备完好性、使用可用度、维修时间及保障效能进行使用评估，按照使用结果进行必要的改进和完善，为同类型装备保障提供技术参考。

第 2 章 火炮装备保障性要求分析

保障性试验的对象是装备系统的保障性要求。保障性要求是对有关装备保障性和相关保障要素要求的总称，包括一组相互协调的与保障有关的设计特性参数、保障资源参数、战备完好性参数以及其他与保障性有关的参数。任何装备系统都是为完成预期的作战、训练任务而研制的，火炮装备也是如此。因此，必须着眼装备系统部署后的作战、训练及日常管理工作，科学分析装备系统的保障性要求。

2.1 作战运用对保障性的要求

2.1.1 信息化作战的主要特点

(1) 依网构建作战体系。依托战术互联网，将建制内的突击力量、支援力量、保障力量紧密连接为一个整体，并通过有机整合，形成多个小型、合成、多功能的模块化编组，构成一个编组合理、结构科学、功能互补、效能融合的，集情报侦察、兵力突击、火力打击、电子对抗、防空作战、综合保障等作战要素于一体的网络化作战力量体系。

(2) 指控协同实时高效。指挥员一方面能够基于信息系统实时掌握战场态势变化和部队行动情况，异地、同步、交互进行作战决策，使指挥决策时间大为缩短，决策效率大幅提高；另一方面可基于实时的态势感知，针对战场情况变化，快速调整部署，及时控制协调机动突击与火力打击等行动，快速形成整体打击威力。

(3) 作战行动敏捷精确。基于实时的战场共享信息，反应速度大幅提高，机动突击与火力打击能力显著增强。数字化自行火炮的火力反应时间大大缩短，形成了反应灵敏的火力打击系统，能对敌实施全纵深、多层次精确打击。

2.1.2　装备保障性建设要求

信息化条件下的作战运用新特点和装备建设新理念，对装备保障提出了更高的要求。具体表现在以下几个方面：

(1) 装备保障组织结构必须与作战体系相统一。基于信息系统的作战体系，不再是由各兵种力量按编制体制进行规模性的机械拼合，而是根据作战使命任务，按各兵种作战属性进行效能性的合力集成，其体系构成呈现出各作战要素、作战单元综合集成，人、武器装备和作战信息高度融合，各兵种专业作战行动联合一体的特征。装备保障体系必须与作战体系相对应，由传统的力量联合型、能力聚合型向力量融合型、能力聚焦型转变。

(2) 装备保障模式必须与体系对抗特点相协调。信息化条件下的作战将呈现出兵种联合、模块编组、全域多能的体系作战特征。作战任务的多样化和作战运用的多元化，要求在装备保障模式构建上，必须具有适应不同作战任务的灵活应变的能力。在力量运用上，要具备根据作战任务的发展变化灵活调整部署、实施综合保障的能力，满足各种作战任务的保障需求；在资源配置上，要平战结合、集成优化、利于使用、便于调配，既能满足平时精细化管理需求，又有利于平战快速转换，满足战时精确化保障要求。

(3) 装备保障手段必须与装备体系构成相适应。现代火炮武器装备与传统火炮武器装备相比，信息化、一体化程度大幅提高，其操作使用、日常管理、检测修理、维护保障等均发生了质的变化。现代火炮武器装备需要信息化的保障，因此，必须大力发展以信息技术为核心的快速、综合、精确、高效的保障技术和保障手段，充分利用信息技术的联通性和融合性，将各种保障力量、保障资源、保障要素联结成有机整体，实现保障指挥自动化、保障资源可视化、检测诊断智能化，为实现精确高效的装备保障提供手段支撑。

2.2　军事训练对保障性的要求

2.2.1　训练保障要求

信息化条件下的军事训练呈现出高技术、高投入、高消耗的鲜明特征，对训练保障的依赖越来越大。因此，从宏观而言，就要把训练保障与战备建设、战场建设有机结合起来，搞好训练资源统筹，构建平战结合、功能互补、各具特色的训练保障体系。具体到火炮装备，其训练保障的要求主要表现为火炮装备技术状态良好和训练保障资源完备两个方面：一是要求现代火炮装备战术技术性能完好，符合装备动用使用技术规定，处于随时可投入训练、作战的状态；二是要求训练保障资源齐全完备，满足火炮装备动用使用条件规定，可有效支持训练工作的开展。

2.2.2 装备技术状态要求

装备技术状态是指在给定的条件下装备的各组成部分、分系统的工作状态满足规定的战技指标的程度和零(部)件的性能参数保持在技术文件中允许范围内的能力。装备技术状态完好是装备遂行训练任务的基本前提。通常情况下，火炮装备技术状况完好，主要表现在以下五个方面：

(1) 清洁完整。即车内外各部清洁、无锈蚀，各零(部)件、随车工具、备品和附件齐全，各种履历文书记载完整，各种油、液符合标准。

(2) 润滑周到。即润滑系统和各润滑点按季、按时、按量使用规定牌号的润滑油(脂)，并按要求进行检查、加添或更换。

(3) 调整正确。即各个间隙、行程、空回量、力矩、电压、分辨率等参数符合标准。

(4) 紧固适当。即各部件、零件的固定螺栓、螺帽按技术条件拧紧并锁好，各操纵装置连接可靠。

(5) 没有故障。即各部件工作正常，车体无变形、无开焊和裂纹，无漏油、漏水、漏气，电路无短路、断路，光学仪器无发雾、发霉和其他污损。

2.2.3 训练保障资源要求

训练保障资源是支撑训练顺利开展的重要物资基础。训练保障资源主要包括训练保障方案、训练资料保障、训练物资器材保障、训练设施保障和维修保障等。

(1) 训练保障方案。主要包括：训练对象和训练目的，训练项目、内容与方法，训练时机及进度，受训人员数量与技术等级，教员配备，训练资料、训练器材和训练设施，训练中的组织管理等。

(2) 训练资料保障。主要包括：训练大纲与计划，教材，训练器材使用手册，使用与维修说明书，作业指导书，幻灯投影，挂图，演示资料，计算机仿真软件，训练评定表格和其他一些必要的训练资料。为确保训练资料的有效性及长期可用，训练资料的质量应满足：内容要系统、完整、准确、协调，数据和说明与装备一致，纸质、印刷、装订应良好耐用，符合国家标准的有关规定等要求。

(3) 训练器材保障。主要包括：装备实物、装备模型(包括实物模型和解剖模型)和训练模拟器等。训练器材应满足下列使用要求：使用与保障简便、可靠，符合安全性要求，符合标准化要求，装备模型应能说明装备的构造和工作原理，能够模拟装备的故障现象及故障排除方法，训练模拟器应能模拟实装训练。

(4) 训练设施保障。主要包括：训练中使用的各种房屋、场地及其相配套的供电、供水、通风、通信等设备。

(5) 训练中的维修保障。通常是指为使装备保持和恢复良好状态而采取的各种措施的统称。主要包括：定期检查测试、计量检定、维护与修理等。

2.3 日常管理对保障性的要求

2.3.1 装备战时使用要求

在战时，火炮装备依靠其强大的火力、防护能力和机动能力，主要用于歼灭敌主战坦克和其他装甲目标，摧毁敌野战防御工事和歼灭敌有生力量。火炮行动剖面主要包括战斗准备和战斗实施两大环节。其中，战斗准备是指挥员和所属部(分)队为遂行战斗任务，于战斗开始前所进行的组织、物资、技术和信息等各项准备工作；战斗实施，即交战过程中的机动、突击、防护、保障等活动。实施中的保障必须高效及时，主要是因为火炮动用强度大，对抗激烈，物资器材、弹药油料消耗量大，战损率高。因此，必须建立精确高效、适应性强、反应敏捷的装备保障体系，才能保证火炮顺利遂行战斗任务。

2.3.2 维护修理保障要求

日常管理是装备工作不可缺少的重要组成部分。日常管理的质量好坏，在平时会直接关系到部队的训练、执勤、战备和部队建设，而战时则会直接影响作战任务的完成。日常管理的基本任务是：综合采取多种管理措施，对装备实施严格、科学、强有力的管理，提高装备完好率，保证装备始终处于良好的技术状态，保证部队能够随时执行各项任务。其内容主要包括：装备的维修、保管、封存、启封、定级、转级、登记、统计、点验、配套设施建设、安全管理、检查评比与总结等。

装备维修可分为：维护、小修、中修、大修。维护，也称保养，主要包括对装备进行擦拭、除锈、涂油、调整、检查、紧固，补充消耗，更换超过工作时限的零件，排除简单故障等。为确保维修工作的顺利开展，装备保障部门应建立维修信息管理系统，及时掌握和准确分析装备技术以及各种维修资源的状况；应科学制定维修规划计划，组织维修力量对装备进行维护修理；应加强维修检测技术手段建设，确保检测与保障设备满足保障需求；充分做好维修物资及器材的筹措、储存和供应；应加强维修的技术管理和质量监控；应组织维修专业训练，不断提高维修人员的能力素质等。

2.3.3 配套设施保障要求

搞好配套设施建设可以为装备存放和保管提供有利条件，从而提高装备日常管理水平和装备质量，增强装备保障能力。配套设施建设应着眼于提高配套设施的利用率和继承性，充分发挥其作用；应考虑不同的装备对同一设施的要求，尽量使同一设施可以保障多种装备；应配备必要的安全防护装置和消防设备，减少或避免各类灾害对设施的影响。

2.4 保障性要求的分类及内容

GJB 3872《装备综合保障通用要求》将保障性要求分为三类：第一类是与装备有关的设计特性要求；第二类是对保障资源的要求；第三类是装备系统的战备完好性要求。这三种类型的要求既可以是定量的，也可以是定性的。其中，第三类只反映装备系统的使用要求，在确定其保障性要求的过程中必须将其分解、转换为装备本身的保障性要求和对保障系统及资源的要求。第一类、第二类既可反映使用要求，也可反映合同要求。

2.4.1　保障性使用要求

保障性使用要求是指为满足作战、训练和日常管理工作而对装备保障性提出的顶层要求，也是对装备的各设计特性和保障系统所形成的平时和战时保障能力的总要求。保障性使用要求是保障性试验参数确立的基本依据，它涵盖了作战、训练和日常管理全过程中装备系统的战备、出动、交战、结束、维修、归建、训练、保管和再出动的各项保障要求，并考虑了装备建制的人力限制和经济可承受能力，最终达到预期的初始作战使用(保障)能力。

综合分析，部队对火炮装备保障性的使用要求可概括为三点：好用、好修、好保障。

1. 好用

(1) 可靠耐用。主要表现为火炮装备及其重要部件不出故障或少出故障，比较皮实；装备极少发生重大故障，没有重大事故；火炮装备及其重要部件的使用寿命长，不需要经常更换或检修等。

(2) 火炮装备使用操作方便简单。主要是针对人机适应性方面(包括人机界面的适应性)，如坐姿舒适性、操纵控制系统的方便性、信息显示系统设置及布局的合理性、舱室作业环境的适宜性等。

2. 好修

(1) 故障发生前。火炮装备能否及时预警或告警，使得使用人员能及时掌握火炮装备及其重要部件技术状况变化情况，及时采取相应措施。

(2) 故障发生时。能否通过相应的手段及时检测、隔离、定位，使得使用或修理人员能够快速、准确地知道是哪个部位出了什么问题，是由于什么原因造成的，从而为下一步故障排除奠定基础。

(3) 故障修复快捷、简便。体现为在较短的时间内、在现场、利用现有人员即可排除故障，使得火炮装备可以迅速恢复技术状态，继续投入使用。这包括快速拆卸、快速更换等。

3. 好保障

(1) 火炮装备维护保养工作时间短，工作简单。

(2) 火炮装备保障资源配置优化，非常充足，而且还不过剩。火炮装备保障资源是其保障工作的重要物质基础，从部队的角度讲，一方面希望资源多，需要啥有啥；另一方面又怕资源多，出去训练或演习时，带着大量的保障资源，还经常出现带的没用上，需要的还没带的情况。这就要求资源配置上比较优化，做到充足而不过剩，同时还要兼顾其是不是实用、好用、方便用。

(3) 火炮装备保障费用低。由于火炮装备器材、设备费用较高，维修经费不足，导致经常出现火炮装备不能及时修复。提高火炮装备可靠性水平、简化保障工作、减少保障资源消耗是降低火炮装备保障费用的有效途径。

可以看出，部队对火炮装备保障性的使用要求是非常务实合理的，从火炮装备试验与评估的角度来看，应当将部队对火炮装备保障性的使用要求转化为可对火炮装备保障性进行考核检验的要求。

2.4.2 保障性合同要求

由于保障性使用要求往往包含了若干设计者不能控制的因素，例如维修、延误等给火炮装备带来的影响，所以必须将保障性使用要求由顶层用户要求向技术层次的参数(平均任务故障间隔时间 MTBCF、平均修复时间 MTTR 等)分配、分解或转化，还需要将系统级要求向分系统级及关键装备要求进行分配、分解或转化，形成设计中可控制、试验中可检验的合同要求。使用要求与合同要求的区别，如表 2-1 所示。

表 2-1 使用要求与合同要求的区别

比较方面	使用要求	合同要求
用途	用于描述火炮装备的使用性能(使用适应性)要求	用于定义、度量、评估研制的火炮装备
依据	任务需求	使用要求
包括因素	综合考虑设计、制造、安装、维修、延误及质量等的影响	只考虑设计、制造的影响
描述方式	定量、定性描述	定量、定性描述
度量单位	使用参数及其表达式	合同参数及其表达式
要求值	使用值(目标值、门限值)	合同值(规定值、最低可接受值)
验证	规定的使用条件下验证(使用验证)	合同规定条件下验证(合同验证)

合同要求除了包括可靠性、维修性、测试性以及环境适应性等要求以外，还有一部分是从减少对保障需求的角度提出的。例如：保障人员的综合设计，标准化和互用性设计，自保障特性，环境、安全性和职业健康设计，运输性设计，还要考虑通用性(物理、功能和使用)及模块化(物理和功能)、逐步减少制造源和材料短缺，以及技术成熟性、民用现成品、

控制单一供货源、采用通用标准等问题。

通常，保障性合同要求既是承制方研制生产标准，也是订购方对装备的考核验收基本标准。但合同要求作为约定条件，既不是理想条件，也不是真实的使用条件。因此，判断装备是否满足部队需求，不能只看是否达到合同要求，还必须要考核装备在实际使用条件下可达到的能力。

2.4.3　定量与定性要求

无论是使用要求还是合同要求，一般都可以用量化方式表示，如使用可用度、平均故障间隔时间等。也可以用非量化的方式表示，如某一功能必须有冗余的要求、对需要经常清洗或更换的部件应便于拆装或实行原位维修的要求、采用通用和集成保障设备的要求等。定量要求应是可验证的，定性要求应是可检查的。

1. 保障性定量要求

保障性定量要求应是可度量、可验证的。如：与保障有关的设计特性的定量要求，包括了可靠性、维修性、检测性等一系列定量要求；保障资源的定量要求，包括了备件利用率、备件满足率、保障设备利用率、保障设备满足率等一系列定量要求。

某型火炮的保障性定量要求，如表 2-2 所示。

表 2-2　某型火炮的保障性定量要求

序号	范围	参数
1	全炮	固有可用度
2		使用可用度
3		平均故障间隔里程
4		平均修复时间
5		受油速度
6		……
7		系统连续工作时间
8		火炮平均故障间隔发数
9		自动装弹机平均故障间隔发数
10		野外换修件的平均更换时间
11		……

续表

序号	范围	参数
12	底盘系统	首次大修时间
13		平均故障间隔里程
14		……
15	电气设备	首次大修时间
16		起动电机使用寿命
17		……
18	通信系统	连续工作时间
19		平均修复时间
20		……
n	……	……

2. 保障性定性要求

保障性定性要求包括与保障有关的设计特性、保障资源和战备完好性等几个方面的非量化要求。与保障有关的设计特性的定性要求，主要是指可靠性、维修性、运输性的定性要求和需要纳入设计的有关保障考虑，便于安装和拆卸，在战场条件下快速更换等；保障资源的定性要求，主要是指在规划保障时要考虑、要遵循的各种原则和约束条件，如对维修方案的各种考虑、对维修级别及各级维修任务的划分等。

此外，当装备执行特殊任务或在特殊环境下执行任务时，还应考虑特殊的定性要求。如火炮在沙漠和沼泽地区使用或在潜渡时对保障的特殊要求，装备在核、生、化等环境下使用时对保障的特殊要求等。

GJB 3872《装备保障性通用要求》中指出，保障性定性要求应主要包括以下内容：

(1) 操作与维修人员的数量与技能水平的约束。包括装备操作与维修简单、方便、易于培训，不需过高的文化水平。

(2) 操作与维修人员训练保障要求。例如培训教材与器材，尤其是复杂昂贵装备需提供的训练模拟器材；由承制方提供的初始培训要求等。

(3) 能源与供应品。装备使用与维修的能源、原材料、油液及零备件要减少品种、规格和数量，并做到通用化、标准化，尽可能利用市电或一般油液、原材料。

(4) 备件保障。要简化供应保障的设备、设施，如能源与供应品的加注设备、接口接头、管道及储存部分，操作简便迅速，并能使供应品的加注或装填迅速。

(5) 运行或运输方便。能适合于多种运输方式(铁路、公路、空运、水运等)、多种运输工具。对具体装备应规定具体的运输工具要求，要考虑桥梁、隧道等的限制。

(6) 包装、标志与储存要求。

(7) 资料、文档要求。要提供简明易懂的装备使用说明书、维护手册、履历书、装箱单、各种修理技术文件等文档资料。

(8) 工具、器材。保障使用所需要的工具、器材、设备、设施既要配套齐全、经久耐用，又要尽可能减少品种、规格，工具、器材配置地点和固定方式要易于取用。

(9) 减少预防性维修。特别是基层级的维修工作量及保障资源力求减少到最低限度。

(10) 排除故障简便。对绝大多数故障只需通用和简易的工具和设备。

(11) 检测诊断方便迅速。合理采用机内自动检测、半自动检测或人工检测等方式，尽量减少所需的专门设备与人力。

某型火炮的保障性定性要求，如表 2-3 所示。

表 2-3　某型火炮的保障性定性要求

序号	范围	内　容
1	全炮	各部件机械总成等，尽可能采用快速拆装结构，有防错措施和电源极性反接保护能力，并应有防尘措施，电器插头应有良好的防水措施。保养和调整部位有良好的可接近性。所有管路(含油、水、进气、排气)应具有可靠的连接和良好的密封性，不得有任何渗漏现象
2		维修级别按两级划分，火炮故障应尽可能在基层级排除
3		随车工具、备品应以满足乘员使用、检查、保养和自救为原则，尽量减少规格、数量，并在工具箱内定位存放
4		具备自检功能，外部测试设备能进行主要功能、性能参数的检测和系统技术状态确认，接口规范统一，连接方便快捷
5		使用和维护说明书齐备，保障方案齐全
6		选型与设计，应考虑继承性、通用性、互换性，采用模块化设计
7		野外换修件和电子插件板应能互换
8		电缆插头插座应一一对应，具有防插错和防脱落功能；应有电源极性反接保护能力

续表

序号	范围	内容
9	底盘系统	具有状态监测和报警装置
10		具有电和压缩空气两套起动设施，在低温环境条件下，采用进气加温装置能够应急起动
11	底盘系统	有超温、断油等报警、保护功能
12		具有状态监测和报警装置
13	电气设备	蓄电池组的安装位置应适合维护和保养。在车外安装时应有防护装置，同时应预留外部充电接口，可实现不下车使用车外电源充电
14		尽量采用选型成熟产品
15	通信系统	系统所有部件具有电源反接保护功能，接插件应接插可靠，并有防插错和防脱落措施
16		应采用良好的可检测性设计，具有自检功能
17		应采用模块化设计，按维修两级别进行划分，安装方式应易于维修和更换
18		具备保障信息收集、记录和输出功能

第3章　保障性要求参数指标体系构建

参数是一些用来描述某种事物、现象、机器设备或其工作过程性质的特征量。保障性要求参数的具体数值即为保障性要求指标。保障性要求参数指标是开展保障性试验的基本依据、评估保障性要求的标准或尺度，它来源于各项保障性定量指标或定性指标要求。在装备试验领域，分析确定保障性要求参数指标是装备保障性试验的基础，必须依据装备的作战使命和任务科学、合理地划分参数指标，进而客观公正地评估装备保障性要求。

3.1　保障性要求参数指标确定

3.1.1　保障性要求参数指标确定原则

(1) 装备的任务需求(即保障性目标)是选择保障性指标考虑的首要因素。不同任务需求选择的保障性指标是不同的。例如飞机出动架次率是飞机战时的保障性顶层指标，而能执行任务率是飞机平时的保障性顶层指标。再如，舰炮的战备完好性和使用可用度分别是舰船装备战时与平时的保障性参数。

(2) 装备的类型是选择保障性指标的重要依据。对于火炮、坦克、飞机、舰船等不同的装备，由于其类型不同，因而对它们进行维修保障的活动也存在着差异，应选择与各自维修保障活动相关的保障性指标。

(3) 装备的组成和技术特点是选择保障性指标的技术支撑。要注意各指标之间的关系，要注意装备及其组成单元的特点，是电子类，还是机械类，以便选择适合的指标，保证指标选择的合理性和协调性。

(4) 保障性指标的选择要同时考虑指标的考核和验证要求。确定的保障性定量参数指标应是可度量、可追溯、可验证的，应当有明确的验证时机、内容、条件和方法；定性要求应是明确的、可评估、可检查的，应有明确的检查清单和检查方法，避免用含糊、模棱两可的语言来表达。

(5) 确定的保障性指标应当考虑可行性和经济性。要进行技术可行性和经济可行性分析，在确定保障性要求时，既要满足装备的作战使命和任务，又要考虑实现的可行性。

(6) 确定的保障性指标应当尽可能少，并经过反复迭代和细化。

3.1.2 保障性要求参数指标确定方法

因为论证和研制的早期缺乏必要信息，所以保障性要求参数的确定不可能一次制定完善。同时，它的确定不仅是一个需求问题，还涉及许多实际条件与可能性，并与费用及进度有着密切关系，因此需要反复分析和多方面的权衡，才能得到符合保障性试验要求的具体保障性指标。

1. 开展使用研究

使用研究是研究新研装备平时和战时任务范围内如何使用和保障的问题，这项研究可为新装备的战备完好性及综合保障工作规划提供依据。即对新研装备何时、何地及如何使用进行全面的分析，明确使用要求和保障体制，并根据使用要求确定出与新研装备预定用途有密切联系的因素。

在全面了解新研装备的设计特性、作战使用特性和保障特性要求的基础上，将若干现役装备或某些装备的分系统及部件组成的模型，作为代表新研装备的各种特性和特征的基准比较系统。与基准比较系统对比分析可以提高分析的效果，对于不同的备选设计方案可以建立不同的基准比较系统。如果要预计与保障性有关的某些参数的量值时，则一定要选取与新研装备保障方案相似的现有保障系统。因此，比较分析新研装备与基准比较系统是获得所需保障性要求的重要手段。在进行使用研究和选定比较系统时要重视对新研装备及保障资源的标准化分析，确定新研装备标准化的设计约束，包括：新研装备选用哪些与现役装备兼容的标准分系统、部件、软件和保障设备；某些强制性的标准化与共用性要求(如燃油、润滑剂、弹药及一些保障设备等)。

2. 初定保障性参数指标

有关保障性的初定指标是指只受装备设计影响的那些保障性特性，包括可靠性、维修性、测试性的量值、使用和保障特性及运输特性等。在上述分析的基础上，初步拟定保障性的定量特性和装备系统的保障性及有关保障性初定的目标值。一般是根据基准比较系统得到的使用参数量值，再考虑预计的技术进步因素而得出的。

3. 形成保障性试验指标

正式确定的保障性指标，分为保障性目标值和门限值。保障性目标值是指为使装备系统保障性指标要求最优而规定的数值，门限值是为装备强制规定的定量或定性的最低保障性要求，这些数值都将被分配到装备的各个设计层次和保障要素。

保障性目标值与门限值是属于保障性的使用指标。为了便于开展装备保障性试验，应通过适当的转换模型，将它们转换为试验指标，即将目标值转为试验评估规定值，门限值转换为试验评估最低可接受值。在将门限值转换为试验评估最低可接受值时，要同时确定试验统计检验的方法与置信度要求。

3.2　保障性要求参数指标分类

保障性要求参数指标分类方式有多种。常见的分类方式有以下两种。

1. 分类一

第一种是将保障性要求参数分为保障性设计特性参数、保障资源参数和保障性综合参数三类。见图 3-1。

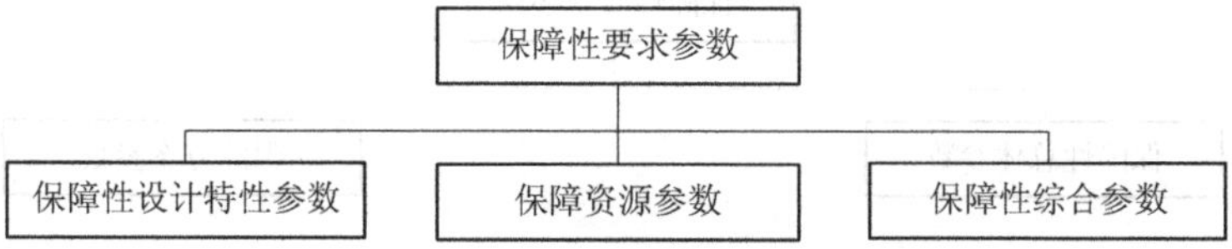

图 3-1　保障性要求参数(一)分类示意图

(1) 保障性设计特性参数。是指与装备的保障性有关的设计参数，主要包括可靠性、维修性、运输性、测试性以及环境适应性等影响装备保障的参数。在许多时候，人们提到的与保障有关的设计特性，一部分来源于保障方案的要求，另外的来源于保障性总体要求。比如，加油时间限额是保障方案中的一项要求，同时它也是一项保障性特性；又比如，从总体参数中分解得到的可靠性与维修性要求，它们也是保障性特性，与可用度关系密切。

这些设计特性需要通过装备设计来加以实现。但即便不考虑使用保障方案中的加油时间限额，在装备设计的角度也要设计燃油系统，也要从功能上考虑加油的问题；即便不从保障性总体要求的角度分解可靠性、维修性要求，对一个装备而言，也需要从完成军事任务的角度提出任务可靠性和任务维修性的要求。因此，可以这样认为：从保障方案和保障性总体要求两方面提出的保障性特性，并不是保障性特有的设计特性，而是与可靠性、维修性、运输性、测试性以及环境适应性密切相关的设计特性。

(2) 保障资源参数。是指对确定保障资源进行约束的参数，这里可分为两个方面：一是对单项保障资源的定量要求，如备件保证概率、人员利用率、保障设备利用率等，如果没有单项保障资源的定量要求，保障资源的数量将无法科学地确定，如备件保证概率是确定修复性维修备件的重要输入，利用率是确定人员数量、保障设备数量的重要输入，如果没有这方面的要求，只能凭经验确定上述保障资源的数量，而无法科学地确定；二是保障设备的种类数量限额、保障资源品种限额、重量限额，新研装备保障资源品种比现有装备保障资源品种降低的百分比等。可见上述保障资源定量要求直接影响到保障资源的配备数量，是一种与保障能力有直接关系的保障要求。

(3) 保障性综合参数。是指根据装备的保障性目标要求而提出的参数，它从总体上反映了装备系统的保障性水平。保障性目标是平时和战时使用要求，通常用战备完好性衡量。

2. 分类二

第二种是将保障性要求参数分为保障性总体参数、保障方案参数两类。见图 3-2。

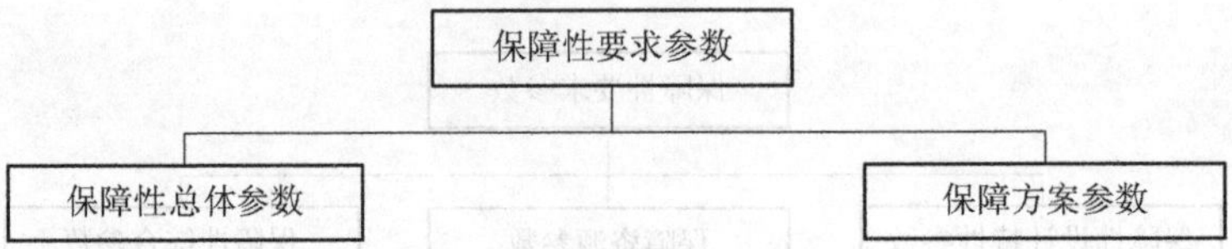

图 3-2　保障性要求参数(二)分类示意图

(1) 保障性总体参数。是指从总的方面对保障方案和保障资源需求进行约束的要求，它要求所确定的保障方案和保障资源需求满足战备完好性的水平要高、保障费用低、保障工作量少而战备等级转换或战斗准备时间短、战损或故障装备恢复及时以保证完好装备数量多等。可见，战备完好性、可用性、保障费用、战备转级时间或战斗准备时间、修复率等都可以从宏观上或从总体上对保障方案和保障资源需求提出要求。保障性总体参数如可用度，与可靠性、维修性等设计参数有着密切的关系，有时为了在保障性分析时，落实可用度要求，既要规定装备预防性维修时间限额，又要从满足可用度的角度提出可靠性、维修性的某些参数，这也从保障的角度，提出了与保障有关的设计要求。

(2) 保障方案参数。是指对保障方案中的各种保障工作的时间、工时提出约束的参数，如装备基层级维修的时间限额、装备修复性维修的时间限额、装备使用保障的加油时间限额、挂弹时间限额、战时抢修的时间限额、出车前检查的时间限额等。可见保障方案既对装备的设计特性提出了要求，也对保障资源提出了要求，在保障性分析的过程中，要分析这些方面的保障工作预计时间是否满足保障方案提出的时间限额要求，如不满足，可考虑增加保障资源或更改设计的方式，这需要进行权衡分析。

3.3　保障性要求参数指标确立

通过前面的分析，我们了解了火炮装备特点和保障性试验评估要求，下面主要对第一种保障性要求参数即保障性设计特性参数、保障资源参数、保障性综合参数指标进行确定。

3.3.1　装备保障设计特性参数确定

一种装备能否获得及时、有效而经济的保障，首先取决于其设计特性。比如说，某种装备平时使用技术难度很大，故障多样且排除故障需要多种复杂的设备与设施，使用的备件品种规格多且特殊等等，那么，这种装备就难以获得良好的保障。此外，影响装备保障的因素是多方面的，例如：装备的可靠性水平较高，装备较少出故障，装备便于保障；装备的维修性水平较高，装备出故障后能迅速地加以修复，也说明装备是容易保障的。可见与保障性有关的设计特性参数是一些与可靠性、维修性、保障性、安全性、测试性、运输性等有关的工程专业的设计参数。火炮武器装备保障性设计特性具体涉及以下几个方面。

1. 可靠性定性要求

(1) 尽可能采用标准件；

(2) 采用成熟技术和成熟设计；

(3) 简化设计；

(4) 降额设计；

(5) 采用冗余设计；

(6) 采用容差设计和瞬态过应力设计；

(7) 防误操作设计；

(8) 环境保障设计等。

2. 维修性定性要求

(1) 人员数量和技能水平；

(2) 培训要求和训练器材；

(3) 维修可达性、测试可达性；

(4) 工具、附件和保障设备的数量及品种限制；

(5) 备件数量、品种要求；

(6) 标准化、模块化、通用化与互换性；

(7) 防差错和识别标示要求；

(8) 故障检测、隔离设计技术应用要求等。

3. 测试性定性要求

(1) 具有状态监控功能；

(2) 具有性能检查功能；

(3) 具有故障隔离功能；

(4) 配有通用和专用检测设备。

4. 安全性定性要求

主要从人员安全和装备安全两个方面对火炮提出安全性定性要求，必须具备安全联锁、防误操作、危险射界停射、防侧翻、断电保护等功能。一般有：

(1) 操作人员安全要求；

(2) 维修人员安全要求；

(3) 火炮射击安全要求，如最长连续射数，噪声、冲击波对人员听器的影响等符合标准的规定；

(4) 火炮包装、装卸、储存和运输安全；

(5) 火炮安装部位周围其他装备和人员安全。

具体在火炮装备保障性试验中，常用的装备保障性设计参数指标，见表 3-1。

表 3-1　装备保障性设计参数指标

<table>
<tr><th rowspan="2">参数类型</th><th rowspan="2">参数名称</th><th colspan="3">适 用 范 围</th><th colspan="2">参数类别</th><th rowspan="2">参 数 说 明</th></tr>
<tr><th>装备系统</th><th>分系统</th><th>零部件</th><th>使用参数</th><th>合同参数</th></tr>
<tr><td rowspan="10">保障性设计参数</td><td>平均故障间隔时间(MTBF)</td><td>☆</td><td></td><td></td><td>√</td><td>(√)</td><td>产品寿命的平均值或数学期望</td></tr>
<tr><td>平均严重故障间隔时间(MTBCF)</td><td></td><td></td><td></td><td></td><td></td><td>考虑到整个使用阶段的一般要求，针对某项任务提出的 MTBCF</td></tr>
<tr><td>平均维修间隔时间(MTBM)</td><td>☆</td><td>☆</td><td></td><td>√</td><td>(√)</td><td>该参数一般要求综合考虑修复性维修和预防性维修</td></tr>
<tr><td>平均维修时间(MTTR)</td><td></td><td>☆</td><td>☆</td><td>(√)</td><td>√</td><td>要给出相应的维修级别，一般使用部门提出，以基层级为准</td></tr>
<tr><td>任务可靠度(R_M)</td><td></td><td>☆</td><td></td><td>√</td><td></td><td>一般装备是针对规定任务剖面提出该指标</td></tr>
<tr><td>预防性维修时间(M_{PT})</td><td>○</td><td></td><td></td><td>√</td><td>√</td><td>提出该参数时要明确规定是日历时间还是实际工作时间</td></tr>
<tr><td>维修工时率(M_R)</td><td>○</td><td></td><td></td><td>√</td><td></td><td>论证时提出该指标时应明确统计的时间区段(如一个小修期、中修期等)</td></tr>
<tr><td>故障检测率(FDR)</td><td></td><td>☆</td><td>☆</td><td>√</td><td>(√)</td><td>检测率的提出要以相应的检测设备、人员技术水平为依据</td></tr>
<tr><td>故障隔离率(FIR)</td><td></td><td>☆</td><td>☆</td><td>√</td><td>(√)</td><td>此要求是指在规定的时间内，用规定的方法正确隔离到不大于规定的可更换单元</td></tr>
<tr><td>虚警率(FAR)</td><td></td><td>☆</td><td>☆</td><td>√</td><td>(√)</td><td>主要针对 BIT 设备提出此项要求</td></tr>
<tr><td colspan="8">注：☆—优先选用参数；○—选用参数；√—适用的参数类型；
(√)—可用于合同的使用参数或可用于使用参数的合同参数。</td></tr>
</table>

3.3.2　保障资源参数指标确定

保障资源参数是指影响保障资源设计的有关参数。火炮装备常用的保障资源参数主要有：备件保障、保障设备、保障设施、技术资料、训练保障、计算机资源保障、包装装卸储存和运输保障、保障人员八个方面。下面对火炮装备保障资源参数逐一进行说明。

1. 备件保障

(1) 按初始维修器材供应目录提供的备件及其他使用与维修消耗品是否满足初始使用

与维修的需求；

(2) 各级器材仓库器材储备定额的规定是否能满足实际需求。

2. 保障设备

(1) 各维修级别按计划配备的保障设备的技术性能及数量是否满足装备使用与维修的需求；

(2) 新研制的保障设备的性能和适用性；

(3) 按计划配备的各项保障设备的利用率；

(4) 保障设备的保障性水平。

3. 保障设施

(1) 原有和新建、改建的保障设施是否满足装备使用与维修的需求；

(2) 保障设施的面积、空间、基本设备及温湿度、净洁度等环境条件是否符合要求；

(3) 某些专用设施的特殊要求，如安全与保密，核、生、化防护等是否符合有关规定。

4. 技术资料

(1) 技术资料的种类、格式和数量是否符合规定要求；

(2) 内容是否准确、完整，是否适合阅读；

(3) 是否能满足使用、维修工作要求，装备及保障系统的更改是否得到了正确反映；

(4) 当有要求时，是否按规定交付了电子版资料。

5. 训练保障

(1) 初始培训的人员技能能否胜任定型试验和首批装备的使用与维修；

(2) 按要求录用的人员按训练大纲训练后能否胜任装备的使用与维修；

(3) 教材、训练器材和设备能否满足训练要求；

(4) 教材、训练器材和设备是否及时反映了装备的更改情况。

6. 计算机资源保障

(1) 计算机系统所包括的硬件、软件、文档等是否满足使用要求；

(2) 计算机系统的操作和维护人员的数量、技能是否满足要求；

(3) 计算机的安全及数据的完整性是否有可靠保障。

7. 包装、装卸、储存和运输保障

(1) 实体参数(长、宽、高、总重、重心等)是否符合规定的运输要求；

(2) 运输中所承受的静负荷、振动、冲击等是否超过允许值；

(3) 环境极限参数(温度、湿度、气压、清洁度等)和各种危险要素(射线、静电、弹药、化学、生物等)是否符合有关规定；

(4) 包装等级是否符合规定的运输要求；

(5) 能否由常规的提升、运载和装卸设备装卸和运输，专用的提升、运载和装卸设备是否满足要求；

(6) 提升和栓系点的尺寸、强度、位置和标志是否符合有关标准。

8. 保障人员

(1) 按规定编配的使用分队人员数量、专业职务职能、技术等级是否胜任作战使用要求；

(2) 按规定编配的维修机构人员数量、专业职务职能、技术等级是否胜任维修工作要求；

(3) 按规定要求录用的人员文化水平技能和分析解决问题的能力是否适应装备使用维修工作的要求。

具体在火炮装备保障性试验中，常用的保障资源参数指标，见表 3-2。

表 3-2　保障资源的参数指标

参数类型	参数名称	适用范围			参数类别		参数说明
		装备系统	分系统	零部件	使用参数	合同参数	
保障性资源参数	平均保障延误时间(MLDT)	☆			√	(√)	需在部队使用和保障条件下进行
	平均管理延误时间(MADT)	☆			√	(√)	需要规定总时间、统计延误总时间和延误次数
	设备利用率	○	○	○	√		实际使用保障设备数量与拥有总数之比
	设备满足率	☆	☆	☆	√		能够提供使用保障设备数量与需求总数之比
	备件利用率	○	☆	○	√		实际使用备件数量与拥有总数之比
	备件满足率	☆	☆	☆	√		能提供使用的备件数量与需求总数之比
	保障设备的通用化、标准化系数	○	○	○	√		标准化、通用化保障设备件数与需要的保障设备总件数之比

注：☆—优先选用参数；○—选用参数；√—适用的参数类型；

(√)—可用于合同的使用参数或可用于使用参数的合同参数。

3.3.3 保障性综合参数指标确定

保障性综合参数指标，是指装备的战备完好性目标值。它通常是根据装备的保障性目标要求，针对预计的平时和战时使用条件而提出的，从总体上反映了装备系统的保障性水平。它的量值取决于可靠性与维修性水平、保障性设计特性和保障资源数量与配置。由于装备的类型、任务范围和使用特点各异，因而用于标识不同装备战备完好性的参数也不相同，不存在对所有装备都适用的统一的战备完好性度量参数。

战备完好性是平时和战时装备系统遂行所承担的全部作战任务的能力的度量，是装备系统战斗力的重要体现之一。战备完好性是一种使用后才能得到验证的指标，其参数的选择取决于作战任务需求、使用要求和装备类型等因素。战备完好性的高低直接影响和制约着装备系统执行任务能力的大小，而装备系统执行任务能力的大小亦称系统效能。对同一个装备系统，战备完好性和系统效能都是在同一个作战使用环境中，度量完成或遂行同一个任务剖面的能力，都采用相同的作战使用任务剖面作为分析的基线，差别在“完成”与“遂行”任务上。战备完好性描述执行任务全过程的系统状态，是装备系统满足系统效能的必要条件和保证；系统效能又是装备系统遂行任务的结果，在一定的条件下，战备完好性也可作为系统效能的一种度量。目前，国内外对系统效能的研究较多也较为成熟，从系统效能与战备完好性的相互关系中我们不难看出，战备完好性和系统效能一样，都是既能被量化又能被考核的。

火炮装备的战备完好性参数主要包括：单门火炮战备转级时间、单门火炮战斗准备时间、可用度和完好率等。

1. 单门火炮战备转级时间

单门火炮战备转级时间是指装备接到战备等级转换命令到完成等级转换所需的时间。单门火炮战备转级主要包括了装备的启封、技术检查、安装平时单独存放的设备或部件、添加燃料和润滑油、检查和添加特殊油液、安装弹(药)、进行动用前的准备工作等。每一项工作的时间可以作为一项单项指标提出，如启封时间、燃油的受油速率、装弹时间等，因此，该参数可以是更详细的各单项参数的合成，但应考虑有些工作是可以并行实施的，故也不是简单的时间叠加。

2. 单门火炮战斗准备时间

单门火炮战斗准备时间是指装备接到战斗命令到可投入战斗的准备时间。单门火炮战斗准备时间是装备战时使用的重要要求之一。单门火炮战斗准备应当做到：火力系统、火控系统、通信系统、底盘系统和光学仪器的技术状况良好；火炮装备经过校正；弹药、油料、冷却液和给养符合规定标准；工具、备品、防护器材和提高通行能力的器材齐全。

3. 可用度

可用度是装备在任一随机时刻需要和开始执行任务时，处于可工作或可使用状态的程度。通常可用度可分为：固有可用度、可达可用度和使用可用度。

固有可用度仅与装备的工作时间和修复性维修时间有关，容易度量并可在受控环境下进行试验验证，因而常常作为合同指标，并在早期方案阶段进行初步的权衡分析。

可达可用度在固有可用度考虑时间的基础上，考虑了装备的预防性维修时间，它适合在研制阶段评估装备在理想保障条件下可能达到的可用度，确定装备的维修方案。

使用可用度是指装备系统在实际的工作环境中，在规定的条件下使用时，一旦需要即能处于可用状态的程度。由于使用可用度全面考虑了装备的工作时间、修复性维修时间、预防性维修时间、保障延误时间和管理延误时间，因而能最为真实地反映装备的现实可用度特性。

为了达到可达可用度或使用可用度的要求，必须控制预防性或计划性维修活动的频度和持续时间，因此，在设计参数中还应增加平均预防性维修间隔时间和平均预防性维修持续时间。同时，据某类装备的统计表明，预防性维修时间是修复性维修时间的三倍，为控制预防性或计划维修的持续时间，还应规定平均预防性维修持续时间的要求。

4. 完好率

完好率反映的是一旦工作需要装备系统可使用的能力。完好率与可用度都是时间的函数，两者的区别在于考虑的时间不完全相同。其中，可用度由能工作时间和不能工作时间来定义；而完好率表示的是，若装备发生了故障，而维修时间只要不超过再次执行任务前的间隙时间，则不影响再次执行一个任务，装备也处于完好状态。通常，完好率比可用度数值要大，但当下次任务下达前的时间较小时，可用度与完好率值则可能比较接近。由于装备系统的完好率只有在实际的作战使用环境条件下、执行其担负的任务后，才能真实度量，因此，在保障性试验中，可通过对可用度的验证代替完好率验证。

具体在火炮装备保障性试验中，常用的保障性综合参数指标，见表3-3。

表3-3 保障性综合参数指标

参数类型	参数名称	适用范围			参数类别		参数说明
		装备系统	分系统	零部件	使用参数	合同参数	
保障性综合参数	战备完好率(P_{OR})	☆			√		通用性指标，适用于任何类型的装备
	使用可用度(A_O)	☆	○		√	(√)	火炮常用的战备完好性参数指标
	执行任务率(R_{MC})	☆	○		√		该参数为使用参数，一般在使用阶段进行评估
	任务前准备时间(T_{STM})	☆			√	(√)	提出 T_{STM} 要求时，应同时明确任务前准备工作的内容
	再次出动准备时间(T_{TA})	☆			√	(√)	提出 T_{TA} 要求时，应同时明确再次出动准备工作的内容

注：☆—优先选用参数；○—选用参数；√—适用的参数类型；
(√)—可用于合同的使用参数或可用于使用参数的合同参数。

3.4 典型火炮装备保障性要求参数指标确定案例

下面以某型火炮装备为例，结合前三节内容进行分析研究，给出火炮装备保障性设计特性参数、保障性资源参数和保障性综合参数指标确定。

3.4.1 分析任务范围

某型火炮装备完成的主要作战任务是：压制和歼灭敌炮兵、防空兵、反坦克导弹、有生力量；压制和摧毁敌指挥所、控制、通信、情报系统；压制和摧毁突破口及其附近敌防御工事、装甲目标；压制、拦阻敌行进间的各种战斗队形；摧毁和破坏敌后勤及工程设施。

某型火炮装备的主要作战使用特点是：必须适应规定使用地区的环境条件，通常用于机动作战，主要用于进攻，一般集中使用。

某型火炮寿命剖面及所担负的任务剖面，如图 3-3 所示。

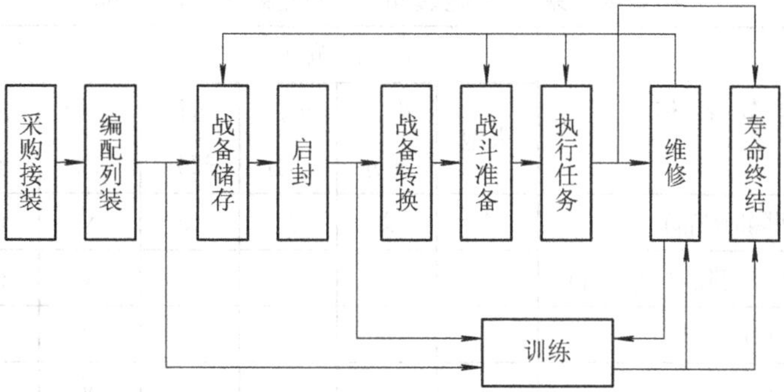

图 3-3　某型火炮的寿命剖面

某型火炮是可修复的可多次使用的武器装备，其任务剖面复杂多变，必须选择具有代表性的典型任务剖面作为设计依据。主要从任务阶段划分、主要工作、功能要求及环境条件进行分析。

任务阶段划分：包括向集结地机动、集结地域待命、实施战术开进、进行火力准备、遂行当前任务、遂行后续任务。

对应的主要工作：进行检修排故，补充油料弹药、相关器材，做好战斗准备；消灭敌有生力量、压制敌火力；摧毁敌防御设施、冲击突破；巩固扩大突破口、粉碎敌反冲击、占领纵深敌重要目标、消灭被围之敌。

功能要求就是火炮机动、火力、联络、防护。

环境条件要考虑行驶路面、气温气压及雨雪冰霜。

3.4.2　开展使用研究

基于某型火炮的使用特点和其寿命、任务剖面，我们可以进行使用研究分析，某型火炮要能在各种地形及气象条件下遂行机动、突击和占领等战斗任务，应具备较高的任务成功性、较低的维修人力和保障费用。因此，首先要确定其任务成功性，其次要选取与某型火炮相似的装备进行类比分析，最后还要确定各种地形及气象条件下的使用功能。

3.4.3 确定参数指标

根据任务、使用及对比分析，某型火炮装备保障性要求参数指标确定为战备完好性参数、固有可用度、使用可用度、射击故障率、平均故障间隔时间等。详见表 3-4。

表 3-4 某型火炮装备保障性要求参数指标

序号	参数名称	适用范围				参数类别		验证方法
		火炮	火力部分	火控部分	运行部分	使用参数	合同参数	
1	平均故障间隔时(T_{BF})	☆	☆	☆	☆	√	(√)	试验验证
2	平均严重故障间隔时间(T_{BCF})	☆	☆	☆	☆	√	(√)	试验验证
3	射击故障率(λ)		○			√		试验验证
4	使用可用度(A_O)			○		√		分析评估
5	固有可用度(A_i)			○			(√)	试验验证
6	平均修复时间(M_{CT})	☆	○	○	○	√		试验验证 分析评估
7	预防性维修时间(M_{PT})	○				√		试验验证 分析评估
8	故障检测率(R_{FD})			○		√		演示验证 分析评估
9	虚警率(R_{FR})			○		√		演示验证 分析评估
10	单门火炮战备转级时间	☆				√		演示验证 分析评估
11	单门火炮战斗准备时间	☆						演示验证 分析评估
12	行军与战斗状态转换时间	☆	☆	☆	☆	√	(√)	演示验证
13	燃油加注时间	○				√		演示验证

注：☆—优先选用参数；○—选用参数；√—适用的参数类型；

(√)—可用于合同的使用参数或可用于使用参数的合同参数。

第 4 章　保障性试验总体

保障性试验的过程可高度概括为：按照规定的技术文件，结合装备的结构特点和部队使用实际，应用试验理论和试验技术，依据批准的试验方案，按规定试验程序和要求进行试验实施，并给出试验结论和建议，提出试验总结报告。保障性试验总体就是对保障性试验过程中，所涉及的技术与管理活动的统称。主要包括：前期准备、大纲编制、方案设计、计划拟制、现场实施、数据处理、总结报告编写等内容。

4.1　保障性试验前期准备

试验前期准备是指从受领试验任务到试验任务现场实施前的准备工作。该阶段的主要工作包括：熟悉被试装备，消化技术文件，确定试验条件，筹措物资器材，进行试验技术准备，开展试验方法研究等。

4.1.1　基本依据

开展试验的基本依据主要有：装备研制任务书、国家军用标准、部队作战训练及日常管理的要求、试验任务书等。

装备研制任务书是装备设计的纲领性文件，是装备研制、生产和设计的准则。在装备研制任务书中，一般包括装备特点、功能用途、组成、指标要求等内容。指标要求中涉及的保障性要求参数及指标是装备保障性考核的基本标准。

有关保障性的国家军用标准是保障性试验的指导性文件，在这些标准中，一般规定有试验目的、试验项目、试验程序、试验方法、试验条件、数据处理和结果评定等详细要求。目前，保障性试验可遵循的国家军用标准主要有：GJB 451A—2005《可靠性维修性保障性术语》、GJB 1371—1992《装备保障性分析》、GJB 3837—1999《装备保障性分析记录》、

GJB 3872—1999《装备综合保障通用要求》、GJB 1909A—2009《装备可靠性维修性保障性要求论证》。

部队作战训练及日常管理的要求规定了装备系统使用的方式方法。由于装备系统在作战、训练及日常管理中与部队体制编制、操作人员的技术水平、保障条件、指挥操作程序和使用环境密切相关。因此，部队作战训练及日常管理的要求也是确定试验的主要依据之一。

试验任务书是开展试验的根本遵循。在任务书中明确有被试装备名称、数量和质量条件，任务性质，任务编号，被试装备的主要战术技术要求，参试装备的种类、数量和条件等。试验目的就是由试验的任务性质所确定的。

4.1.2 试验条件的确定

试验条件主要包括：设计文件、被试装备、参试装备、测试设备、环境条件及操作人员的技术水平条件。

设计文件是装备试验的基础条件，主要包括：装备的全套设计图样、设计计算书、制造与验收技术条件、使用维护说明书及合格证等。

被试装备既是设计文件的具体体现，也是装备试验的对象。装备设计水平的高低、功能是否全面、性能的优劣都是由被试装备来体现的，被试装备的质量状态是试验的先决条件。

参试装备及测试设备是装备试验的保障，参试装备的质量水平和测试设备的精度直接影响到试验的质量，关系到试验结果的准确性和结论的正确性。因此，所有参试装备必须符合设计图样的要求，测试设备必须具有合格证或质量证明书。

环境条件是装备试验的必要条件，主要包括：使用条件、地理条件、地形条件、气象条件、力学环境条件、电磁环境条件等。为了能真实反映装备系统达到的保障性水平，暴露保障性缺陷，试验剖面的设计应尽可能接近任务剖面，试验应在部队实际使用环境条件下或尽可能地接近部队实际使用环境条件下进行。由于受条件限制，试验环境条件和部队实际使用环境条件之间有时会存在差异。试验时应记录这些差异，以便修正由此造成的试验结果的偏差。

参试人员的技术水平条件对试验过程、数据录取和结果评定都有至关重要的影响。因此，试验人员应具有相应的试验水平和能力，明确自己工作职责及试验项目、项目试验的目的、考核条件和测试要求等，熟悉所试装备的结构、工作原理、技术性能和操作使用要求等。

4.1.3　物资器材的准备

试验所需的武器、弹药、物资、器材，必须预先进行准备，才能保证试验任务的顺利进行。在接受试验任务后，应根据任务要求和国家军用标准的规定，进行试验所需的武器、弹药、物资、器材的准备。

4.1.4　试验技术的准备

试验技术准备是试验总体的一个基础。没有认真细致的技术准备工作就不可能顺利完成试验工作。试验技术准备工作主要是收集被试装备系统的有关资料和开展具有针对性的业务学习。通过技术准备应达到的主要目的，见表 4-1 所示。

表 4-1　通过技术准备应达到的主要目的

序号	主 要 目 的
1	掌握被试装备的保障性试验任务要求，以便确定保障性试验策略
2	理解被试装备的保障性参数及指标含义，以便准备相应的试验方案
3	了解被试装备的设计和生产工艺新技术，以便准备相应的试验方法和新的测试技术
4	了解被试装备的结构特点与加工工艺，以便在图样资料未进场前进行试验准备
5	了解同类装备在部署使用阶段中出现的保障性问题，以便重点关注及考核
6	了解部队对被试装备的保障性现实需求，以便准备符合部队实际的试验环境条件
7	学习借鉴研制单位的试验方法和测试技术，特别是某些专门测试手段和试验设施
8	收集研制单位试验的原始数据，作为试验的参考数据
n	……

4.2　保障性试验大纲制定

按照有关法规和标准的要求，在试验计划下达后，任务提出部门应当组织有关单位拟制试验大纲。试验大纲是承试单位组织实施试验任务的指导性文件，是拟定试验方案、制定试验实施计划和编写试验总结报告的基本依据。

4.2.1 编制依据及原则

保障性试验大纲的编制是关系到保障性试验质量和效果的一项重要而基础性的工作，通常依据试验年度计划和有关文件编写，编写过程中应当遵循一定的原则。

1. 编制依据

保障性试验大纲的编制依据通常有：

(1) 年度试验计划；

(2) 研制总要求；

(3) 有关法规和标准；

(4) 相关作战及保障的条令条例。

2. 编制原则

保障性试验大纲的编制应当贯彻四条基本原则。

(1) 针对性原则。保障性试验大纲的编制必须贯彻针对性原则，紧密围绕保障性试验的根本目的，针对被试装备的使命任务和性能特点，确定保障性试验项目、考核内容和方法以及评估指标和方法。

(2) 可行性原则。保障性试验大纲要在保障性试验中得到贯彻执行，必须具有良好的可操作性。大纲的编制既要符合有关的法规、标准的要求，又要考虑部队的实际使用环境条件。

(3) 系统性原则。保障性试验大纲的编制，必须参照有关法规、标准，对试验项目、考核内容和方法、试验环境条件与要求、试验装备数量与质量、编配方案、采集的信息、数据处理的方法、评估指标、评估方法、保障条件等进行综合协调、统筹优化，便于试验工作高效、有序地开展。

(4) 规范性原则。保障性试验大纲的编制要符合有关法规和标准的要求，大纲的格式和条文的表述应准确、简练、易懂，符合被试装备特性，避免产生歧义。对大纲中涉及的专业术语、方法说明等内容采用标准、规范性的语言，使参试人员能够清楚理解。

4.2.2　试验大纲的主要内容

现行法规和标准中对保障性试验大纲主要内容的规定尚不完全统一。在对相关法规和标准关于试验大纲主要内容的规定进行分析对比的基础上，提出试验大纲的主要内容。

1. 试验大纲的具体内容

(1) 试验依据、目的；

(2) 被试装备、陪试装备的种类、数量、质量、提供渠道和交接方法；

(3) 试验的项目、内容、时间、地点和方法；

(4) 试验条件和要求；

(5) 试验数据采集的内容、方法和要求；

(6) 考核内容、评估指标和评估方法；

(7) 试验保障；

(8) 试验的中断、中止与恢复；

(9) 试验的组织管理与任务分工；

(10) 试验总结报告的主要内容、上报时间、报送单位；

(11) 其他事项。

2. 依据国军标剪裁

在具体的保障性试验大纲编写过程中，可以根据装备的特点、试验的具体要求和考核重点，对以上内容进行剪裁。

4.2.3　大纲编写方法

1. 试验依据、目的

(1) 试验依据通常是装备试验年度计划及国家军用标准。

【示例】

依据研制总要求等的通知、年度任务及军用标准。

(2) 试验目的通常可按下述方式表述。

【示例】

在接近实战或部队实际使用的条件下，考核火炮装备(指被试装备)的保障性要求(含保障性设计特征参数要求、保障资源参数要求、综合保障性参数要求等)，为其定型列装提供依据。

2. 被试装备、陪试装备的种类、数量、质量、提供渠道和交接方法

应规定被试装备与陪试装备的种类、数量和质量要求，并明确其提供渠道和交接方法。

【示例】

被试装备：火炮、弹药输送车、随车工具、备品、附件和随车技术文件齐全，配置到规定的技术状态。

陪试装备：试验过程中，吊装工程车、电台作为陪试装备，由承试单位自行调配。

交接方法：在试验开始前期进行试验装备交接。交接时由承试单位进行技术状况检查，清点随车技术文件、工具、备附件等，符合有关规定后办理交接手续。

3. 试验的项目、内容、时间、地点和方法

由于试验目的不同，试验的项目、内容和方法也有所不同。因此，应根据被试装备的性能、作战使命和作战运用方式等方面的特点，针对试验目的，科学设计试验的具体项目、内容和方法，并明确各项试验的实施时间和地点(地区)。

通常保障性试验包括：保障性设计特性试验、保障资源试验、综合保障试验三个试验项目类别，各子项目类别中又分别包括了相应的试验项目。

4. 试验条件和要求

应当用规范的军事术语规定试验的战术使用、复杂地理环境、复杂气象环境、复杂水文环境、复杂电磁环境等方面的条件和要求，以及为充分考核被试装备所需的其他特殊环境条件和要求。

5. 试验数据采集的内容、方法和要求

对被试装备的评估，应当本着科学、公正、客观的原则，规定试验应当采集的数据内容、采集方法和要求。

【示例】

(1) 数据采集：

装备试验过程中，必须及时、准确、完整地采集、记录装备试验过程基本信息、装备故障信息、装备维修信息、装备保障信息和装备缺陷信息(必要时应采集视频和图像信息)。

被试装备发生故障时，及时、准确地记录故障信息，填写故障报告表。

(2) 数据处理：

数据应当准确可靠，不得随意取舍。各种数据应及时采集，注明所属试用项目名称、条件、日期，由试验负责人和记录人员共同签署。

6. 考核内容、评估指标和评估方法

被试装备的保障性可通过对保障性设计特性参数、保障资源参数和综合保障性参数等方面的指标来评估。

【示例】

综合保障性试验：

根据试验日志和保障活动记录表中的信息，计算单门火炮战备转级时间、战斗准备时间，并定性评估保障工作量大小和难易程度，以及所提供保障资源的充足与适用程度。

7. 试验保障

应根据试验项目设置及考核的需要，规定试验的保障条件和要求。通常试验相关的软件、技术文件、资料等应配套齐全。

【示例】

(1) 技术文件及资料保障：

《使用维护说明书》、《××保障方案》等技术文件和资料应配套齐全，由承研单位提供。

(2) 人员培训：

试验前，承研单位应根据试验实施计划，协助承试单位对参试人员进行培训。

(3) 技术保障：

试验中，承研单位应提供试验用维修专用工具、备件、维修保障设备，并提供技术保障。

8. 试验暂停、中断、恢复与终止

通常，试验中出现技术故障、安全隐患等问题应暂停试验，查明原因后再继续试验；在试验中由于条件发生变化不能满足试验要求时，应中断试验，待条件满足时再继续试验；在试验中由于装备出现重大技术质量问题，导致试验主要目标无法实现的，应终止试验。

9. 试验的组织管理与任务分工

应当规定试验的组织要求，并明确有关各方的任务分工。

10. 其他事项

说明试验大纲中需要明确，而又无法纳入上述条款的其他事项。

4.2.4 试验大纲的编写格式

保障性试验大纲的结构要素通常包括：封面、目次、正文和附录四个部分。在编写试验大纲时应参照有关标准和指南执行。

4.3 保障性试验方案设计

试验方案是实现试验大纲要求的技术措施构架，它从总体上规定了试验项目、目的和技术要求。试验方案的制定应依据相关国军标，运用先进的试验理论与测试技术科学合理地确定，以尽可能减少试验消耗，提高试验质量。对于试验大纲中的每一个试验项目，都应明确被试装备的数量、技术勤务准备要求、试验条件、测试内容、测试方式、测试数据的精度要求、数据处理方法及结果分析等。通常，试验方案包括总体技术方案、试验边界条件、项目测试方案、数据处理方案、试验保障方案、试验安全方案等，各类试验方案是制订试验实施计划的基本依据。

4.3.1 试验方案设计原则

保障性试验方案的设计原则主要体现在以下六个方面。

(1) 应用的试验技术应体现科学性。试验方案设计时应充分应用同行业试验理论、试验方法方面的研究成果，如统计理论、系统工程、试验理论等。在保证全面考核被试装备性能和质量水平的基础上，尽量减少试验的支承点和用弹数量，以较小的试验消耗和代价，得到准确的试验结果和科学的试验结论，取得较高的效益。

(2) 使用的测试手段应体现先进性。一般情况下，先进的测试手段具有测试数量多，数据录取率高，数据处理速度快和能力强，测试精度高等特点。在试验中使用先进的测试手段，可以用少量的试验子样、较短的试验时间和较少的试验消耗获得大量高质量的试验数据。

(3) 试验方案应体现全局性和系统性。为了真实地考核出火炮装备保障性能，试验人员应站在总体的高度，以武器的作战使用条件为依据，认真分析试验内容，真实的模拟出战场的环境条件和使用状态，将火炮全系统试验与分系统试验进行一体化设计，规范试验条件和参试装备的技术状态，分析哪些试验项目的试验条件、测试内容、试验实施方法是相同或相近的，如果是相同的应尽量合并，如果是相近的设法合并。将试验的结果和试验中的各种信息进行综合分析和处理，进行统一的试验管理。使火炮分系统的试验条件符合全系统的使用条件，保证试验质量和试验结果的可信度。

(4) 用弹数量的确定应体现合理性。应正确运用计数型抽样和计量型抽样，准确掌握小子样抽样和极限抽样原则，合理确定用弹数量。

(5) 确定的试验条件应体现真实性。在确定试验条件时，试验设计人员一定要根据武器装备的实际使用条件和部队的实际，结合承试单位的实际，科学合理地确定试验条件，使试验时的条件与武器装备的实际使用相一致，使试验的结果真实可靠，使试验的结论真实可信。

(6) 布站方案应体现可靠性。采用正确布站方法，所有参试仪器设备，必须布局合理，保证测试数据的精度符合试验要求，并可靠地录取到待测参数，确保试验数据的录取率。

4.3.2　试验边界条件的确定

任何装备都是在一定允许条件范围内进行操作使用，超出这个范围，装备就不能正常发挥其应有的威力和效能，甚至会发生意想不到的事故。这些条件范围在设计中进行了考虑和规定，并在有关的技术文件中加以明确。这个条件范围的极限情况就是极限使用条件。为了保证试验条件与装备的使用条件相一致，需要确定试验的边界条件。

一般情况下，试验边界条件与装备极限使用条件一致。在试验实施过程中，试验边界条件是需要严格掌握控制的。这些条件包括：装备的工作状态、负载条件、工作时间和操作顺序，装备使用时的地理地形、气象水文、电磁环境等。

4.3.3　数据处理方案的制定

在拟定数据处理方案时，首先应考虑数据录取的可靠性和精度，坚持采用多台套测试；其次应确保数据的准确性，在处理和计算数据时应坚持对读、复读，对算、复算和审查制度；在选取计算公式时应坚持科学性，国家军用标准中有计算公式的，要按公式进行计算，无计算公式的，应协调确定计算公式；对于参试仪器测试前应进行校检标定；在数据处理方案中应对试验条件、标定结果及误差、判读要求、计算公式、结果报告表等规定清楚。这里重点强调一下数据处理方法，常用的处理方法有数据特性检验、异常值的判别与剔除、缺失数据的补充以及系统误差分析。

4.3.4 试验保障方案的制定

为了保证试验顺利进行，一般需要在试验前制定试验保障方案。试验保障方案内容包括：通信联络方式、气象预报及气象诸元的通报、阵地和测试点位测量建设、靶标建设；清场及场区安全、道路维护；警卫和生活保障等。

4.3.5 试验安全方案的制定

在具体试验过程中，针对可能出现的不安全因素及潜在的危险源，应制定处理预案与风险控制试验安全方案，确保试验顺利安全。试验安全方案的内容包括：装备安全、操作人员安全、测试设备安全、场区安全等。主要措施有：试验前制定试验指挥程序，保证试验有序进行；射界要留有余量，保证射击安全；不同弹药要有明确区别的标记；炮位工作人员和观测人员要有安全防护措施，保证操作安全；发生故障按操作程序处理并符合安全规定等。

4.4 制定保障性试验实施计划

试验实施计划是指按照试验大纲和试验方案的要求，对于装备试验中各类人员、各类试验装备、各类被试装备在试验过程中的工作及考核内容等进行计划。试验实施计划是组织、协调装备现场试验的具体方案和执行步骤，是试验实施过程的指令性文件，是承试单位工作人员遂行任务的基础。

4.4.1 试验实施计划的主要内容

试验实施计划是组织实施试验工作的具体方案。主要包括：试验项目实施计划、数据采集及处理计划、参试人员培训计划、试验保障计划、安全保障计划等。

试验项目实施计划是对试验项目实施的详细规划。主要内容包括：试验目的和要求，试验项目和具体内容，试验条件，被试装备、陪试装备、保障设备与器材的种类及数量，试验程序与方法，试验时间与地点，组织分工与要求等。

数据采集及处理计划是为满足分析与评估要求，在试验开展过程中对相关数据及时进行采集和处理的详细规划。主要内容包括：数据的种类、数量与精度要求，数据采集和处理的步骤与方法，测量仪器和检测设备的配置，采集人员分工，各类数据采集表格等。

4.4.2　拟制试验实施计划的要求

注重科学性和可行性是拟制试验实施计划的基本要求。主要表现为：所涉及的计量单位，一律采用中华人民共和国法定计量单位；各种专业术语、符号按已颁布的国军标规定执行。试验项目设置应周全，该试什么项目，其试验目的、试验条件、试验方法、测试手段要考虑周全，既不能漏项，又不能漏测。对于综合试验任务，凡能结合的试验项目应尽量合并，并充分发挥现有仪器设备的优势，录取更多的试验数据。

4.5　保障性试验现场实施

现场实施是指装备现场试验开始至试验实施计划中规定的所有试验项目组织实施完毕的整个过程。这个阶段是整个装备试验过程中工作涉及面最大、不确定因素最多、技术要求最强的阶段。应当根据试验大纲、试验方案、试验实施计划等要求，严格控制试验条件，按照试验规程操作，确保试验安全顺利进行。具体工作内容包括实施前准备与协调、现场准备及试验项目实施。详细要求如下：

(1) 实施前准备与协调。各参试单位及人员进行物质、技术准备和人员培训。

(2) 现场准备。测试设备准备与调试，武器弹药准备，按照试验程序进行合练。

(3) 试验项目实施。按照试验计划进行当前的试验科目，试验中严格试验条件，对于出现的问题要认真分析并作出是否继续试验的决定。

现场试验完毕后，收集试验数据，恢复设备，清理试后物质器材，销毁未爆弹药，组织人员撤离。

4.6 编写保障性试验总结报告

试验总结报告是试验的全面技术总结，分为正文和附件两大部分。正文部分描述整个试验情况，是决定被试装备能否定型投产的重要依据。附件部分是详细说明试验情况的附属材料。

4.6.1 编制依据及原则

试验总结报告的编制是关系到装备能否定型的一项重要而基础性的工作，通常依据试验大纲、试验数据和结果以及其他有关文件编写，编写过程中应当遵循一定的原则。

1. 编制依据

试验总结报告的编写依据通常包括：

(1) 试验大纲；

(2) 试验实施计划；

(3) 被试装备研制总要求；

(4) 被试装备相关的技术文件；

(5) 试验数据和结果；

(6) 相应的国家标准、国家军用标准、行业标准；

(7) 其他。

2. 编制原则

试验总结报告的编写应符合下列原则：

(1) 立场公正。应实事求是地反映被试装备的技术状态和试验的实施情况，公正、客观地评估被试装备的性能。

(2) 内容完整。应全面描述试验大纲的执行情况、试验的实施过程、试验项目的完成情况及其结果，对被试装备进行客观评估，明确指出被试装备存在的主要问题，对被试装备能否设计定型或生产定型给出明确的结论，并就被试装备编制、训练、作战使用和技术保障等问题提出意见和建议。

(3) 数据准确。应当以试验过程中采集记录的原始数据为基础编写，确保数据真实、准确、完整、可靠。

(4) 表述规范。表述应准确、简练，层次清晰，观点明确，避免产生歧义。技术内容应正确无误，术语、符号和代号应统一。报告及其附录中关于数值、计量单位、符号、代号、公式、图样和表格的表述，以及标点符号和汉字的使用，应符合国军标规定。

4.6.2　试验总结报告的主要内容

GJB 6178《军工产品定型部队试验试用报告通用要求》规定，试验总结报告的内容主要包括以下 7 个部分：

(1) 试验概况；

(2) 试验条件说明；

(3) 试验项目、结果和必要的说明；

(4) 对被试装备的评估；

(5) 问题分析和改进建议；

(6) 试验结论；

(7) 关于编制、训练、作战使用和技术保障等方面的意见和建议。

4.6.3　试验总结报告的编写格式

试验总结报告应当符合 GJB 1362A—2007 关于定型文件制作要求的规定。GJB 6178《军工产品定型部队试验试用报告通用要求》中对试验总结报告的格式做出了详细规定，在编写试验总结报告时可参照执行。

第 5 章　保障性设计特性试验

火炮装备的可靠性、维修性和测试性等指标，在研制总要求中有明确的要求，而且这些指标是构成保障性设计特性的重要内容。火炮装备通过可靠性、维修性和测试性等试验，可以查找设计中存在的不足，并加以改进完善，从而评估保障设计特性参数的达标度，为火炮装备鉴定试验提供依据。本章重点阐述可靠性试验、维修性试验和测试性试验。

5.1　可靠性试验

可靠性试验是为了评估或提高产品(包括系统、设备、元器件等)的可靠性而进行的试验，其目的是发现产品在设计、材料或工艺等方面的缺陷，为改善产品的战备完好性、提高任务成功率、减少使用与保障费用提供信息，验证并确认产品是否符合可靠性定量要求。

可靠性试验贯穿于装备的全寿命过程，根据试验的时机、目的及试验条件不同，可靠性试验可分为多种类型。可靠性试验的分类如图 5-1 所示。

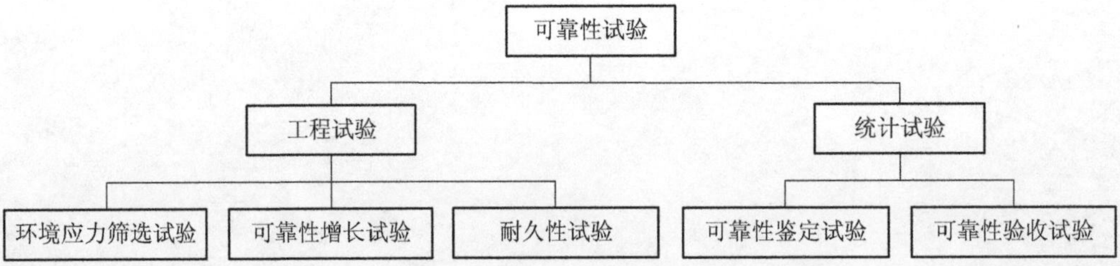

图 5-1　可靠性试验的分类

由承试单位组织进行的可靠性试验，通常分为设计、生产定型试验中的可靠性鉴定试验和在批量生产装备交验时的可靠性验收试验，前者要求对产品的平均寿命作出定量的鉴定，后者一般只要求找出一个简单的验收标准，以作出接收或拒收的决断。

GJB 899A—2009《可靠性鉴定和验收试验》给出了进行军工产品可靠性鉴定试验和验收试验的通用要求、统计试验方案和确定综合试验环境的方法。试验可参照 GJB 899A—2009 实施。

5.1.1　可靠性鉴定试验

可靠性鉴定试验是为确定产品与设计要求的一致性，由订购方用有代表性的产品在规定的条件下所做的试验。在进行可靠性鉴定试验之前，装备应已完成环境试验和可靠性增长试验。在进行可靠性鉴定试验时，应当重点明确以下要素。

1. 试验样本量的确定

按照 GJB 899A—2009 的规定，如果没有特别的规定，应至少有 2 件产品进行可靠性鉴定试验。

2. 试验方案的选择

试验方案分为：定时截尾试验方案、定数截尾试验方案、序贯截尾试验方案和全数试验方案等。下面进行相关说明。

(1) 定时截尾试验方案。该方案是事先规定试验截尾时间的试验方案。按试验过程中对所发生故障采取的措施，又分为有替换与无替换两种方案。有替换方案是指在试验中某个产品发生故障后，立即用一个新产品代替该故障产品继续试验，保持处于试验过程中的产品数量不变。无替换方案是指在试验中若某个产品发生故障则将其撤去，在试验过程中处于试验状态的产品数量随故障的发生而减少。定时截尾试验的优点是事先可以确定试验的时间，便于进行试验计划与管理。

(2) 定数截尾试验方案。该方案是事先规定试验截尾的失效产品的数量，同样也可以分为有替换与无替换两种方案。这种方法事先难以确定试验所需的时间，因此应用较少。

(3) 序贯截尾试验方案。序贯截尾试验是按事先拟定的接收、拒收及截尾时间线，在试验期间，对被试产品进行连续的观测，并将累积的相关试验时间和故障数与规定的接收、拒收或继续试验的判据做比较的一种试验。这种方案的主要优点是做出判断所要求的平均故障数和平均累积试验时间较少，因此常用于可靠性验收试验。但其缺点是随着产品质量不同，其总的试验时间差别很大，尤其是对某些产品，由于不易做出接收或拒收的判断，因而最大累积试验时间和故障数可能会超过相应的定时截尾试验方案。

(4) 全数试验方案。该方案是指对所有产品都进行试验的统计试验方案。对于复杂装备系统，常常难以进行大量的全系统可靠性试验。这时，可用组成复杂装备系统的低层次系统的可靠性试验结果，按系统可靠性模型，推算整个系统的可靠性水平，完成系统可靠性测定或可靠性验证。但是，由于可能存在各子系统之间的协调、匹配问题，仍然有必要进行少量的全系统可靠性试验，对系统可靠性水平进行核实。

具体选择哪种方案，可根据产品特点按照 GJB 899A—2009 执行，这里不再赘述。

3. 统计试验方案的制定

指数分布的统计试验方案中共有五个参数。

(1) MTBF 假设值的上限值 θ_0。它是可以接受的 MTBF 值。当受试产品的 MTBF 真值接近 θ_0 时，标准试验方案以高概率接受该产品。要求受试产品的可靠性预计值 $\theta_P > \theta_0$ 才能进行试验。

(2) MTBF 假设值的下限值 θ_1。它是最低可接受的 MTBF 值。当受试产品的 MTBF 真值接近 θ_1 时，标准试验方案以高概率拒绝该产品。按 GJB 450A—2004《装备可靠性工作通用要求》的规定，θ_1 应等于受试产品最低可接受的 MTBF 值。

(3) 鉴别比 d。$d=\theta_0/\theta_1$ 越小，则做出判断所需的试验时间越长，所获得的试验信息也越多，d 一般取 1.5、2 或 3。

(4) 生产方风险 α。当产品的 MTBF 真值等于 θ_0 时被拒绝的概率，即本来是合格的产品被判为不合格而拒收，使生产方受损失。

(5) 使用方风险 β。当产品的 MTBF 真值等于 θ_1 时被接受的概率，即本来是不合格的产品被判为合格而接受，使使用方受损失。α、β 一般在 10%～30%范围内。

4. 环境剖面的分析

环境剖面是指对装备在执行任务中可能遇到的各种主要环境参数(例如电应力、振动应力、温度应力、湿度应力)和时间关系的描述。

通常，1 个任务剖面对应于 1 个环境剖面。由装备的环境剖面可以得出装备的试验剖面。对于执行多个任务的装备，由于具有多个环境剖面，在进行可靠性试验时，应当将多个环境剖面综合为一个合成的环境剖面，再得到试验剖面，用于可靠性试验。

GJB 899A—2009 要求进行可靠性鉴定试验的条件应是综合环境试验条件，该标准附录 B 对各类装备给出了综合环境试验条件的确定方法。

5. 故障判别的准则

1) 非责任故障判别准则

凡符合下列条件之一者，均记为非责任故障。

(1) 误操作引起的被试装备故障。

(2) 试验设施及测试仪表故障引起的被试装备故障。

(3) 超出设备工作极限的环境条件和工作条件引起的被试装备故障。

(4) 修复过程中引入的故障。

(5) 将有寿命器件超期使用，使得该器件产生故障及其引发的从属故障。

2) 责任故障判别准则

除可判定为非责任故障外，其他所有故障均判定为责任故障。

(1) 产品设计、加工制造、工艺、装配及材料缺陷等引起的故障。

(2) 零部件在规定使用期内出现的故障。

(3) 紧固件在规定的再紧固期限前发生了紧固失效及其造成的故障。

(4) 可调整部位在规定的再调整期限前失效或经调整后仍然不能达到规定的功能引起的故障。

(5) 间歇故障。

(6) 系统软件缺陷及其引起的故障。

(7) 由于元器件潜在缺陷导致元器件失效而造成的故障。

(8) 超出规范正常范围的调整。

(9) 试验期间所有非从属性故障原因引起的故障征兆(未超出性能极限)而引起的更换。

(10) 无法证实原因的异常。

3) 不视为故障判别准则

产品出现下列事件或状态不视为故障。

(1) 预防维修中发现的属于维修范围内的潜在故障。

(2) 预防维修中发现的属于使用寿命到期的零部件的故障。

4) 严重故障判别准则

凡符合下列条件之一者，均记为严重故障。

(1) 火力系统丧失完成正常射击任务的能力，不排除故障则无法继续射击，且凭借随车携带的工具和备附件按规定的维修程序现场不能修复或恢复功能的故障。除此之外，下列故障判为严重故障：火炮本身出现预计会引发危及人员与火炮安全的故障，如后坐严重失常、炮闩闭锁闭气失效、胀膛等。

(2) 输弹机丧失完成正常输弹能力，降级仍无法使用，不排除故障则无法继续输弹，且凭借随车携带的工具和备附件按规定的维修程序现场不能修复或恢复功能的故障。

(3) 火控电气系统按全自动操瞄方式使用，出现不能全自动操瞄火炮到指定的瞄准位置，不排除故障则无法继续按全自动操瞄方式使用，且凭借随车携带的工具和备附件按规定的维修程序现场不能修复或恢复功能的故障。

(4) 对武器装备或人员造成严重损害、可能危及炮手安全的故障。

6. 故障处理

鉴定试验过程中的故障统计遵循以下原则。

(1) 故障统计计数不采用加权评分的办法。

(2) 多个元器件、零部件同时故障，若相互间独立，则每个元器件、零部件的故障均计一次责任故障；若证明多次故障是由一个元器件、零部件故障引起的，则多次故障计为一次责任故障；可证实是由于同一原因引起的间歇故障，若经分析确认，采取的纠正措施验证有效且不再发生，则多次故障合计为一次故障。

(3) 在故障检测和修理期间，若发现被试装备还存在其他故障而不能确定是由原有故障引起的，视为单独的责任故障进行统计。

(4) 在可靠性定时截尾区间外发生的故障，亦需确定原因，采取纠正措施，并且故障归零，进行故障统计，但不计入责任故障数。

7. 鉴定试验评估

鉴定试验评估就是将试验数据进行整理和分析，根据试验方案和判别准则进行点估计和区间估计，进而评判火炮达到的可靠性指标要求并给出结论。试验评估贯穿于整个试验过程，需不断地进行数据整理和分析，及时发现问题并加以修正以确保试验质量。具体根据制定的可靠性鉴定试验方案进行试验，按照试验前规定的故障统计准则进行故障分类和统计，在试验后，用责任故障数与试验方案中的判别故障数进行比较，从而做出接受或拒绝的结论。不管是否满足研制指标总要求，都要给出点估计和在一定置信度的验证区间。

5.1.2 可靠性验收试验

可靠性验收试验是用已交付或可交付的产品在确定条件下所作的试验，目的是验证交付的批生产装备是否满足合同规定的可靠性要求。一般自生产合同签订后交付的第一批产品开始，在每一批都要进行可靠性验收试验。

可靠性验收试验的被试装备应当是已经通过了可靠性鉴定试验的装备，并且已经批准定型。可靠性验收试验一般通过抽样进行，被试装备应当从批生产的装备中随机抽取。在承试单位进行可靠性验收试验时，应当明确试验样本量、试验方案、试验环境条件、故障判别准则等。

可靠性验收试验主要针对批生产装备，在火炮装备靶场试验阶段不进行考核，这里不再赘述。如需要试验可在 GJB 899A—2009 标准给出的可靠性验收试验方案中选用。

5.2 维修性试验

维修性试验就是在实际的或模拟的使用条件(包括环境和保障资源条件)下，采用统计试验的方法，用较少的样本量、较短的时间和较少的费用，对装备的维修性进行的试验。其目的是：验证与检验被试装备的维修性是否满足规定的要求；及时发现与鉴别维修性设计缺陷，为改进设计提供决策依据；评估维修保障及其保障资源的适应程度，以保证装备达到规定的可用性要求。

维修性试验贯穿于装备全寿命过程，根据试验的时机、目的及试验条件不同，维修性试验可分为多种类型。由承试单位组织进行的维修性试验，通常分为设计、生产定型试验中的维修性验证试验和在批量生产装备交验时的维修性验收试验。前者旨在全面考核被试装备是否达到维修性要求；后者一般通过抽样的方式，从批生产的装备中随机抽取样，检验装备在规定的条件下是否满足维修性的定性与定量要求。

试验可参照 GJB 2072—1994《维修性试验与评定》实施。维修性验证试验和验收试验的开展程序基本一致，一般可划分为准备与实施两个阶段。

5.2.1 试验方法

1. 试验方法的选择

维修性定量指标的试验验证，在 GJB 2072—1994《维修性试验与评定》中规定了 11 种方法供选择。选择时，应根据合同中要求的维修性参数、风险率、维修时间分布的假设以及试验经费和进度要求等诸多因素综合考虑，在保证满足不超过订购方风险的条件下，尽量选择样本量小、试验费用省、试验时间短的方法，由订购方和承制方商定，或由承制方提出经订购方同意。除上述国军标规定的 11 种试验方法外，也可以选用有关国标中规定的适用的方法，但都应经订购方同意。

2. 试验样本量的确定

样本量一般要按选定的试验方法计算确定，也可采用国军标中推荐的样本量。样本量一般不宜太少(最好大于 30)，如果样本数量太少，则可能会加大研制方或订购方的风险。此时，利用验前信息进行综合评估，具体按照 GJB 2072—1994 中的试验方法确定。在计算样本量时还应对维修时间分布的方差做出估计。这里还要注意以下几点：

(1) 不同试验方法的最小样本量往往是经验值。如果样本量过小，则会失去统计意义，导致错判，这会增大订购方和承制方的风险。

(2) 维修时间为随机变量，其分布一般取对数正态分布。当在实际工作中不能肯定维修时间服从对数正态分布时，可以先将试验数据用对数正态分布概率值进行检验。若不是对数正态分布，可采用分布假设的非参数法确定样本量，以保证不超过规定的风险。对于对数正态分布的参量，要取对数进行标准化处理。

(3) 按照时间对数标准差 σ 或时间标准差 d 为已知，或取适当精度的估计值 $\hat{\sigma}$ 或 $\hat{d}$ (σ 法)进行计算，其中已知值 σ(或 d)或适当精度的估计值 $\hat{\sigma}$ (或 $\hat{d}$)是利用近期 10～20 组数据的标准差或极差进行估计求得的。即算出每组数据的样本标准差 S，再计算出这批数据的平均值 $\overline{S}$，则这批样本的对数标准差为

$$\sigma = \frac{\overline{S}}{C} \tag{5-1}$$

式中：C 为依赖于每组样本大小的系数。

当样本量 $n>30$ 时，$C=1$，即 $\sigma=\overline{S}$，此时求得的 σ 或 d 就能满足统计学上对 σ 或 d 为已知的要求。

(4) 当 σ 或 d 未知时，根据计量或计数标准型一次抽检方案计算可知，样本量要比 σ 或 d 已知时大。当新研制产品确实无数据可查(甚至连研制中的维修资料也缺乏)时，也可选用 σ 未知的 S 法检验方案进行。此方案可分为两种情况。

① 可由订购方和承制方根据以往经验商定出双方可接受的 σ 或 d 值求出样本量，然后用 S 进行判决。当然，也可根据类似产品的数据，确定该产品维修时间方差的事前估计值。

但是，这两种产品的维修性设计、维修人员的技术水平、试验设备、维修手册和维修环境方面也应是类似的。依据经验，对数正态分布的对数方差 σ^2 一般为 0.5～1.3，可供估计时参考。

② 可由订购方和承制方先商定一个合适的试抽样本量 n_1，一般取所用试验方法要求的最小样本量，即先取 $n_1 = 30$ 进行试验，求出样本标准差 S，作为批标准差的估计值，再计算所需的样本量 n。这时可能有两种情况：当 $n > n_1$ 时，再随机抽取差额 $\Delta n = n - n_1$ 个样本予以补足，之后再计算均值和标准差进行判决；当 $n \leqslant n_1$ 时，不再抽样，即以试抽样本量进行试验、计算、判决。若 n 小于试验方法要求的最小样本量，则应以要求的最小样本量进行计算、判决。

3. 作业样本的分配

维修性验证试验所用的故障样本可来源于自然故障或模拟故障。分系统或零部件在功能试验、可靠性试验、环境试验或其他试验及使用中发生的故障，均称为自然故障。为了进行故障模拟以弥补样本的不足，一般需建立装备的故障库。故障库建立的依据是装备分系统的 FMFCA(故障模式、影响与危害度分析)、FTA(故障树分析)、自然故障情况等。故障库应能反映分系统的致命性和严重性故障模式。备选维修作业样本的数量要充足，并具有足够的代表性，每一个模拟故障都应尽可能与自然故障相接近，避免维修作业样本过于简单或过于复杂。

4. 故障的模拟

一般采用人为方法进行故障的模拟。常用的模拟故障的方法如下：一是用故障件代替正常件，模拟零部件的失效或损坏；二是接入附加的或拆除不易察觉的零部件、元器件，模拟安装错误和零部件、元器件丢失；三是故意造成零部件、元器件失调变位。

(1) 对于电器和电子设备可采用以下方法：

① 人为制造断路或短路；

② 接入失效元器件；

③ 使零部件失调；

④ 接入折断的连接件、插脚或弹簧等。

(2) 对于机械的和电动机械的设备可采用以下方法：

① 接入折断的弹簧；

② 使用已磨损的轴承、失效密封装置、损坏的继电器、断路或短路的线圈等；

③ 使零部件失调；

④ 使用失效的指示器、损坏或磨损的齿轮，拆除不易察觉的零部件、元器件或使键与紧固件连接松动等；

⑤ 使用失效或磨损的零件等。

(3) 对于光学系统可采用以下方法：

① 使用脏的反射镜或有霉雾的透镜；

② 使零部件、元器件失调变位；

③ 引入损坏的零部件或元器件；

④ 使用有故障的传感器或指示器等。

总之，模拟故障应尽可能真实，接近自然故障。基层级维修以常见故障模式为主。参加试验的维修人员应在事先不知晓所模拟故障的情况下去排除故障，但不得模拟可能危害人员和装备安全的故障(必要时应经过批准，并采取有效的防护措施)。

5. 故障的排除

故障的排除是指由经过训练的维修人员排除上述自然的或模拟的故障，并记录维修时间。完成故障检测、隔离、拆卸、换件或修复原件、安装、调试以及检验等一系列维修活动，称为完成一次维修作业。在排除故障的过程中必须注意以下几点：

(1) 只能使用试验规定的维修级别所配备的备件、附件、工具、检测仪器和设备，不能使用超过规定范围的或使用上一维修级别所专有的设备；

(2) 按照本维修级别技术文件规定的修理程序和方法进行；

(3) 应由专职记录人员按规定的记录表格准确记录时间；

(4) 人工或利用外部测试仪器查寻故障及其他作业所花费的时间均应记入维修时间中；

(5) 对于用不同诊断技术或方式(如人工、外部测试设备或机内测试系统)所花费的检测和隔离故障的时间应分别记录，以便判定哪种诊断技术更有利。

6. 试验数据的处理

对在维修性验证试验中收集的维修性试验数据应加以鉴别区分，保留有用的、有效的数据，剔除无用的、无效的数据。处理时，应将经过鉴别区分的有用、有效数据，按选定的试验方法进行统计计算和判决，需要时可进行估计。统计计算的参数应与合同规定相对应，并判决其是否满足规定的指标要求。特别是对一些接近规定要求的数据，更要认真进行复查分析。数据收集、分析和处理的结果和在试验中发生的重大问题及提出的改进意见，均应写入试验报告。具体数据收集按以下要求进行：

(1) 详细记录需要的维修性数据，收集各种试验中的故障、维修与保障的原始数据；

(2) 对试验与评定的各种维修性数据应加以区分，除特别明确不应计在内的，所有的直接维修停机时间或工时，都应当包括在统计计算之内。

由以下几种情况引起的维修时间不应计算在内：

(1) 不是由于研制方提供的维修方法或技术文件造成的维修差错和使用差错。

(2) 意外损伤的修复。

(3) 明显地超出研制方责任的供应与管理延误。

(4) 使用超出正常配置的测试仪器的维修。

(5) 在维修作业实施过程中发生的非正常配置的测试仪器安装。

(6) 装备改进工作。

(7) 超出本级维修范围的。

5.2.2　试验结果的评估

1. 定量要求的评估

定量要求的评估是指根据统计计算和判决的结果做出该火炮装备是否满足维修性定量指标要求的结论，必要时可根据维修性参数估计值评估装备满足维修性定量要求的程度。

2. 定性要求的评估

定性要求的评估是指通过演示或试验，检查是否满足维修性与保障性要求，做出结论；若不满足，分析存在的问题，限期改正。

维修性演示重点检查维修性的可达性、安全性、快速性，以及维修的难度和配备的工具、设备、器材、资料等保障资源能否完成任务。

定性试验评定可以和维修性分析工作结合起来进行。利用维修性分析工作和编制好的维修性核对表，全面核查各个系统的维修性特性，并可根据维修性核对表进行定量评分，依据所得分值进行装备维修性的综合评定(其中包括设计因素、保障因素和人的因素)，最后形成评定报告。

5.3 测试性试验

测试性试验用来验证装备是否达到规定的测试性定性与定量要求。其目的是评估与鉴定测试性设计是否达到合同规定的要求。测试性试验的样本可以是自然故障，也可以是模拟故障。通常，该试验与可靠性试验、维修性验证试验等其他试验结合起来进行，当无法从其他试验中获得足够数据时，可单独组织试验。

在定型试验阶段，当研制总要求中有明确的测试性要求时，应提交测试性鉴定报告或评估报告。在批量生产装备交验时，一般通过抽样的方式，从批生产的装备中随机抽取样本进行测试性验收试验。

5.3.1 试验程序

1. 试验准备工作

(1) 准备好被试装备、相关测试设备、故障注入设备、使用环境模拟设备、数据记录表等，做好试验人员的培训。

(2) 进行故障样本分配，建议使用 GJB 2072—94 中的按比例分层抽样分配方法，依据故障相对发生频率分配样本和抽取注入的故障模式。

(3) 进行验证装备的可注入故障分析，建立可注入故障模式库。

2. 注入故障试验

试验时可按样本分配结果，从可注入故障模式库中逐个选取故障模式，开始故障注入试验。注入故障试验的主要程序如图 5-2 所示。

(1) 给被试装备通电，启动自动测试设备(ATE)，确认在注入故障之前被试装备是工作正常的。

(2) 如未注入故障时装备出现不正常，则属于自然故障，可计为一个样本，转至(4)。

(3) 从可注入故障模式库中选一个故障模式注入装备中(手工注入时产品需断电，自动注入时可以不断电)。

(4) 启动测试设备(包括机内测试(BIT)和自动测试设备(ATE))，实施故障检测与隔离。

(5) 记录检测和隔离的结果、检测与隔离时间、虚警次数等数据。

(6) 撤销注入故障，修复装备(按需要确定断电或不断电)。

(7) 注入下一个故障(已注入的故障模式不能再重复注入)，即重复(3)～(6)，直至达到规定的样本数。

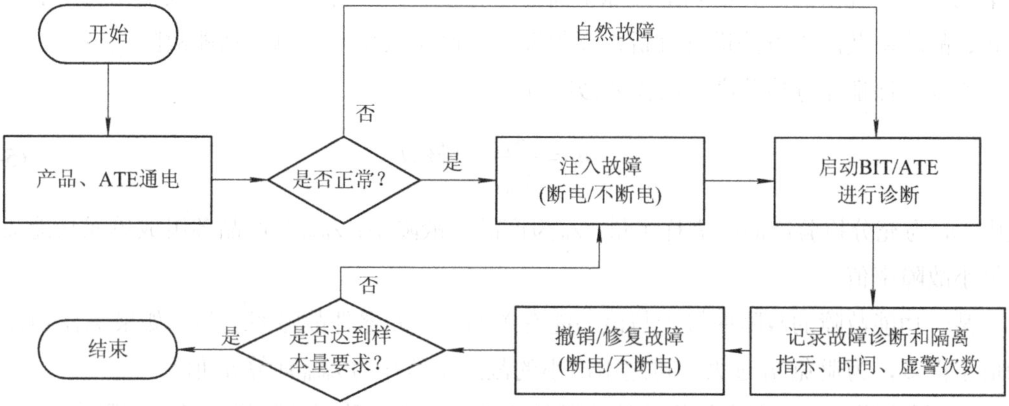

图 5-2　注入故障试验的主要程序

3. 考查内容

在试验过程中，同时考查规定的测试性定性要求的各项有关内容。

4. 试验报告

整理分析测试性验证试验数据，编写装备的测试性验证报告，相关责任人或技术负责人签字。

5. 试验评审

按照测试性验证大纲/计划的要求进行测试性验证结果评审，以确认测试性验证的有效性。评审应该对测试性验证工作的完成情况、故障注入试验过程监管、数据收集、发现的问题、分析处理的合理性、结论的正确性等进行审查和确认。

5.3.2　试验方法

测试性试验是通过演示检测和隔离故障的方法，评定火炮装备是否满足研制总要求的规定。试验时需要注入、模拟足够数量的故障样本，利用人工检测、装备自检、外部检测设备检测等多种故障检测方法，记录故障检测和隔离所需时间、故障检测率、隔离率等相关数据，评定火炮装备测试性是否满足规定要求，为测试性改进和火炮定型提供依据。

1. 试验样本量的确定

(1) 根据试验用样本的充分性确定样本量。故障隔离是要求将故障隔离到产品的各组成单元，所以各组成单元的功能故障都需要进行检验，应对产品的各组成单元的功能故障模式、故障率及注入方法进行分析，要保证各产品组成单元的每一功能故障至少有一个样本。所以，保证充分检验产品所需要故障样本量为

$$n_1 = \frac{\lambda_u}{\lambda_{min}} \text{ 取整数} \tag{5-2}$$

式中：n_1 为充分检验产品所需样本量；λ_u 为产品的故障率；λ_{min} 为产品各组成单元功能故障的最小故障率值。

某一功能故障的故障率等于与该功能有关的所有元器件故障率之和，如果 λ_{min} 值比平均值小很多，为避免 n_1 过大，可选用次小的故障率值作为 λ_{min} 计算 n_1 值。

(2) 最少样本量。考虑指标的统计评估要求，验证试验用故障样本量的下限为

$$n_2 = \frac{\lg(1-C)}{\lg R_L} \tag{5-3}$$

式中：R_L 为测试性指标的最低可接受值；n_2 为达到 R_L 所需的最低样本量，应为正整数；C 为置信水平。

可以依据 R_L 和 C 的要求值，得出 n_2 的量值。如果试验用样本量小于 n_2 的值，那么，即使检测/隔离都成功也达不到规定的最低可接受值。

(3) 综合试验用样本量 n 在 n_1、n_2 中取大的，即

$$n = \max(n_1, n_2) \tag{5-4}$$

如果出现 $n_2 > n_1$ 的情况，可分别给故障率高的功能故障增加样本，直到 $n_2 \leq n_1$ 为止。

2. 作业样本量的分配

将样本量 n 分配给产品各组成单元的各故障模式，以便于开展故障注入试验。例如，故障模式 F_i 的样本数可用下式计算：

$$n_{F_i} = n\frac{\lambda_{F_i}}{\lambda_u} \text{ 取整数} \tag{5-5}$$

式中：n_{F_i} 为分配给第 i 个故障模式的样本数；λ_{F_i} 为第 i 个故障模式的故障率；λ_u 为产品的

故障率。

3. 参数估计与合格判据

根据试验数据(或收集的故障样本数据)，下面用二项式分布模型估计 FDR、FIR 的单侧置信区间下限。

(1) 单侧置信区间下限。测试性参数的单侧置信区间下限 P_L 可用下式计算：

$$\sum_{i=0}^{F}\binom{n}{i}P_L^{n-i}(1-P_L)^i=1-C \tag{5-6}$$

式中：P_L 为单侧置信区间下限；C 为置信水平；n 为样本量；F 为失败次数。

若已知 C、n、F 时直接用上述公式求解估计值比较烦琐，则可以查二项分布单侧置信区间下限表。

(2) 区间估计。对 FDR、FIR 量值进行置信区间估计，测试性参数的置信区间 P_L、P_U 可表示为

$$\sum_{i=0}^{F}\binom{n}{i}P_L^{n-i}(1-P_L)^i=\frac{1}{2}(1-C) \tag{5-7}$$

$$\sum_{i=0}^{F}\binom{n}{i}P_U^{n-i}(1-P_U)^i=\frac{1}{2}(1-C) \tag{5-8}$$

式中：P_L 为置信区间下限；P_U 为置信区间上限；C、n、F 的含义同式(5-6)。

(3) 合格判据。在规定的置信水平下，如果估计的下限大于等于最低可接受值，则判为合格；否则为不合格。如果提出的 FDR 和 FIR 指标未指明是最低可接受值，则可进行区间估计，当要求指标在置信区间内时即判为合格。

4. 注意事项

(1) 应根据产品测试性要求，明确进行指标估计的方法和置信水平。

(2) 应认真进行功能故障模式、故障率及注入方法分析。为操作方便，较小的产品也可以按合理划分后的组成部件功能进行分析。

(3) 根据样本分配结果建立可注入故障模式库，每个故障类中可注入故障数应大于分配数 2～3 个，以便备用。

(4) 对于检测率，n 为注入故障样本数，F 为检测失败次数；对于隔离率，n 为检测出的故障样本数，F 为隔离故障失败数。

(5) 此方法不适用于确定双方风险要求的指标验证。

5.3.3 故障模式库及注入方法

1. 注入故障模式库的建立

1) 故障模式分类及注入方法分析

分析产品的功能故障及其各组成单元的功能故障时，需要对故障模式进行分类。导致产品组成单元的某一功能故障模式的所有元器件故障模式的集合，划分为一类(等效故障集合)，注入其中任意一个故障就等于注入了该功能故障。为操作方便，较小的产品也可以按合理划分后的组成部件划分等价故障类别。分析的重点是产品的各组成单元的功能故障、故障率及注入方法。

在内场进行测试性验证试验的产品一般多是外场可更换单元(LRU)级的产品，这里以LRU为例进行分析。依据组成LRU的各车间可更换单元/场内可更换单元(SRU)的构成及工作原理、故障模式影响分析(FMEA)表格、测试性/BIT设计与预计资料等，分析各SRU的各功能故障对应的等价故障集合中可注入的故障模式及注入方法、功能故障的故障率、检测方法、测试程序编号等相关数据。

2) 可注入故障模式库的建立

在完成对产品及其组成单元的故障模式及注入方法分析的基础上，即可建立故障模式库。故障模式库中故障模式的数量应足够大，一般是试验用样本量的3～4倍，至少应保证故障率最小的组件(故障类)有两个可注入故障模式，其他故障率较高的组件(故障类)可注入故障模式数应大于分配给它的样本数，以便实施抽样和备份。故障模式库中故障的分布情况，应按与产品组成单元(故障类)故障率成正比配置。

故障模式库中每个故障模式都是可注入的，给出的相关信息内容应包括故障模式名称和代号、故障模式所属产品及其组成单元名称或代号、故障模式及所属故障类名称和代号、故障特征、检测方法与测试程序、注入方法和注意事项等。

为便于故障模式抽取和注入，根据产品及其组成单元的故障模式和注入方法分析的结果，将各个可以注入的故障模式及其相关信息按产品组成单元分组编号、顺序排列，集成后即构成产品可注入故障模式库。

故障样本通常采用比例分层抽样方法进行选取、分配。

故障注入的常用方法有：用故障部件代替正常部件，人为开路或短路，加入或去掉元器件，人为信号超差，人为信号失调，通过软件模拟某种故障特性。

2. 故障样本的注入方法

一般采取人工注入故障，具体完成以下故障注入：

(1) 将元器件引脚短路到电源或者地线；

(2) 移出元器件引脚并将其接到地线或电源；

(3) 将引脚移出插座，然后在空的插孔处施加电源或地信号；

(4) 将引脚移出插座，使其处于不连接状态；

(5) 将元件从插座中完全移出；

(6) 将器件的两个引脚短路；

(7) 在连接器或底板上注入故障；

(8) 将电路板从底板上移出；

(9) 注入延迟；

(10) 使用故障元器件替换正常元器件；

(11) 开路被测单元(UUT)的输入线路；

(12) 将 UUT 的输入拉高或者拉低。

5.3.4 试验结果的评估

为了确认测试性设计与分析的正确性、识别设计缺陷、检查研制的产品是否完全实现了测试性设计要求，需要进行写实性试验结果评估，主要包括以下几点：

(1) 分析火炮装备在试验中发生自然故障或注入故障的检测与隔离信息、虚警信息、利用所得的数据，计算故障检测率和故障隔离率的单侧置信下限，置信度应得到订购方认可。当单侧置信下限不低于最低可接受值时，判为合格，否则判为不合格。

(2) 对发现的虚警问题进行汇总，当存在试运行数据时，可根据需要进行虚警参数的定量估计。

(3) 对于测试性定性要求，依据具体要求条款分析评估是否符合要求。

(4) 确定存在的测试性设计缺陷。

第 6 章　保障资源试验

保障资源是保障系统的组成要素，分为使用保障资源和维修保障资源。

保障资源试验是为了验证保障资源是否达到规定的功能和性能要求，评估保障资源与主装备的匹配性、保障资源之间的协调性和保障资源利用及充足程度所进行的一系列试验考核活动，即针对保障资源合同要求和使用要求进行的试验。主要目的是：

(1) 发现和解决保障资源存在的问题；

(2) 评估保障资源与装备的匹配性；

(3) 评估各项保障资源之间的协调性；

(4) 评估保障资源的利用和充足程度；

(5) 评估保障系统的能力是否与装备系统战备完好性要求相适应。

保障资源试验主要是通过使用与维修保障的演示及统计来实施的。为提高保障资源试验效益，各项保障资源试验应尽可能综合进行，并尽量和与保障有关的设计特性试验尤其是维修性试验结合进行，从而最大限度利用资源，减少重复工作。

根据本书第 3 章中确定的保障资源参数类别，保障资源试验可分为：备件保障试验，保障设备试验，保障设施试验，技术资料试验，训练保障试验，计算机资源试验，包装、装卸、储存和运输试验，保障人员试验等 8 类。下面重点介绍备件保障试验、保障设备试验和技术资料试验，其他五类在装备定型阶段考虑内容较少，故概略介绍之。

6.1　备件保障试验

备件保障是保证预防性维修和修复性维修顺利进行的物质基础，在每个维修级别上，都必须配备适当数量的备件，并且不断地更新补充，实施不间断的供应保障。可见装备的使用和维修需要大量备件和消耗品。其中备件是用于装备维修时更换有故障(或失效)的零部件，而消耗品则是维修所消耗掉的材料，如垫圈、开口销、焊料、焊条、涂料和胶布等。根据资料统计，在寿命周期中维修所需的备件费用约占整个维修费用的 60%～70%。

备件保障试验主要用于评估各级别配备的备件、消耗品等的品种和数量的合理性，能否满足平时和战时使用与维修装备的要求，是否满足规定的备件满足率和利用率要求，评估承制方提出的备件和消耗品清单及供应建议的可行性。

6.1.1　试验参数

影响备件保障效益发挥的因素一般包括：备件和消耗品的种类、数量的满足率、备件和消耗品的质量状况、备件保障管理以及贮存环境条件等方面。

(1) 备件和消耗品的种类、数量的满足率。备件和消耗品是装备使用和维修的物质基础，备件、消耗品的种类不齐、数量不足，均影响装备保障的正常运行。

(2) 备件和消耗品的质量状况。备件和消耗品的质量好、可靠性高就可少贮备。

(3) 备件保障管理。装备在使用、维修时器材能否及时供应，仓库器材的完好率是否满足要求，都会影响供应保障。

(4) 贮存环境条件。备件和消耗品的贮存条件好，废品率低，反之，废品率高。

基于上述影响因素，可建立供应保障资源试验参数体系，见表 6-1。

表 6-1　供应保障资源试验主要参数

顶层参数	参数类别	参 数 名 称
供应保障参数 A_G	品种数量 A_{G1}	备件满足率 $A_{G1\text{-}1}$
		备件利用率 $A_{G1\text{-}2}$
		消耗品品种满足率 $A_{G1\text{-}3}$
		消耗品数量满足率 $A_{G1\text{-}4}$
	器材质量 A_{G2}	可靠性 $A_{G2\text{-}1}$
		维修性 $A_{G2\text{-}2}$
		废品率 $A_{G2\text{-}3}$
	器材管理 A_{G3}	供应到位率 $A_{G3\text{-}1}$
		完好率 $A_{G3\text{-}2}$
		⋮
		$A_{G3\text{-}n}$
	贮存条件 A_{G4}	⋮
		$A_{G3\text{-}(1\text{-}n)}$

6.1.2 评估方法

备件保障是否满足使用和维修的需要、器材储备是否合理等问题，可通过定性评估得出相应结论；考虑到装备定型试验阶段主要对备件及消耗品的满足率、利用率和质量状况进行试验，可通过定量评估得出相应结论。器材质量、器材管理及贮存条件不再分析。

1. 备件满足率

备件满足率是指在规定的时间周期内，某个维修级别能够提供的使用备件数之和与需要该级别提供的备件总数之比。

备件满足率 $A_{G1\text{-}1}$ 定量评估的计算公式如下：

$$A_{G1-1} = \frac{B_1}{B_0} \tag{6-1}$$

式中：B_1 为现有备件数量；B_0 为应有备件数量。

2. 备件利用率

备件利用率是指在规定的时间周期内，某个维修级别实际使用消耗的备件数量与该级别配置的备件总数之比。

备件利用率 $A_{G1\text{-}2}$ 定量评估的计算公式为：

$$A_{G1-2} = \frac{C_1}{C_0} \tag{6-2}$$

式中：C_1 为消耗备件数量；C_0 为配置备件数量。

6.1.3 示例说明

以备件的满足率、利用率试验为例，说明供应保障资源试验。

1. 试验目的

考核备件的满足率、利用率，判断备件配备的必要性、配备量合理与否。

2. 试验参数

(1) 备件满足率。

(2) 备件利用率。

3. 评估准则

(1) 如果备件满足率和利用率都达标，说明备件的配备数量是科学而经济的。

(2) 如果备件满足率达标，利用率不达标，说明备件的配备数量偏多，不经济。如果利用率非常低，也可能说明该品种的备件不该配备，是多余的。

(3) 如果备件满足率很低，而利用率较高，说明备件的配备数量太少。

4. 试验要求

总的原则是：尽量同其他试验与评估尤其是维修性试验与评估相结合。不同备件的试验与评估尽量并行进行。

(1) 人员要求：研究、生产单位的使用、维修人员。经过专门的培训。

(2) 装备要求：涉及要评估的备件的部件或子系统。如果多种备件联合试验与评估，可以用装备系统。因为做点估计，部件、子系统、装备系统的数量不用太多。对于具体某备件，有 5～10 个对应的部件或子系统就可以。

(3) 试验资源要求：备件的配备量要严格按照规定部署，为了实现本次试验所需的其他保障资源也要按照保障包来配置。

5. 试验内容

模拟实际的预防性维修、修复性维修的任务剖面，通过合理选取故障样本并注入故障，检测备件的利用率、满足率。

6. 试验周期

对于预防性维修的备件而言，由于有既定的维修频率和任务剖面，可通过模拟修理任务的方式试验出修期内备件的需求量。

对于修复性维修的备件而言，其发生故障的概率是可循的，因此可通过一段时间的试验，统计出此时的使用量、需求量。再按照概率比例推算出备件需求量、使用量。

从实际情况出发，试验周期还要综合考虑其他并行的试验与评估周期。

7. 数据收集方式

设置专门的数据管理小组、记录档案和记录规则。以天为基本统计单位，每天记录试验数据，每月一张表。具体包括：备件使用量、备件需求量、备件配备量。

8. 数据收集表格

记录属性可以按照以下基本格式设计。可以根据实际情况改动，但不能去掉现有的内容。数据收集表见表6-2所示。

表6-2 数据收集表

名称	序号					
	1			2		
	使用量	需求量	配备量	…	…	…
备件1						
备件2						
…						

9. 试验与评估报告内容要求

给出备件的满足率、利用率，定性评估结果。说明备件的配备的必要性，配备量合理与否。

6.2 保障设备试验

保障设备包括使用与维修所用的拆卸及安装设备和工具、测试设备(包括自动测试设备)、试验设备、计量与校准设备、搬运设备等。火炮在使用与维修中所需的任何设备均可称为保障设备。保障设备既可以是一种特殊用途的专用设备，也可以是具有多种用途的通用设备。保障设备，小到一个扳手，大到一个运输车辆，都是非常重要的保障资源。通过对保障设备的评估，验证保障设备品种与数量规划是否合理，是否存在太多过剩的功能。随着装备信息化程度的加快，大量信息化设备应用于装备的设计当中，为装备故障和健康状况的探测和检测提供了可能。

保障设备试验是指考核保障设备的满足率、利用率的重点不仅仅是设备的品种和数量的多少，重要的是配备的保障设备是否可用、易用、耐用。因此在火炮装备保障设备试验中要关注以下问题：

(1) 保障设备是否采用自动或半自动工具，以保证使用与维修保障工作迅速、快捷；

(2) 对于保障设备特别是检测与诊断设备，是否提出了可靠性、维修性和保障性要求，保障设备是否都满足了这些要求；

(3) 每种保障设备是否能够发挥应有的功能，为装备的维修和检测提供便利；

(4) 规划与研制的保障设备是不是属于标准化、系列化和通用化的保障设备；

(5) 所配置的保障设备在试验过程中是否得到了有效的应用。

由此可见，保障设备的试验与评估要综合考虑，既可以结合装备的试验工作进行，也可以单独安排演示性试验，必须在模拟装备按照故障规律出现故障的情况下进行。保障设备试验主要是用于评估各维修级别配备的保障设备的功能、性能是否满足使用与维修装备的需要，品种和数量的合理性，保障设备与装备的匹配性和有效性，是否满足规定的保障设备满足率和利用率要求。保障设备试验内容主要包括两个方面：一是保障设备与装备的匹配性，主要考核保障设备能否完成保障装备使用与维修的任务，在体积、重量、工作环境、机动性、电源及其他保障资源等方面与装备是否协调一致。二是保障设备自身质量特性，主要包括可靠性、维修性、保障性、安全性、自动化水平及标准化程度等。

6.2.1　试验参数

保障设备试验参数体系，见表 6-3 所示。

表 6-3　保障设备试验主要参数

<table>
<tr><th>顶层参数</th><th>参 数 类 别</th><th>参 数 名 称</th></tr>
<tr><td rowspan="5">保障设备参数 A_S</td><td rowspan="2">通用保障设备 A_{S1}</td><td>满足率 $A_{S1\text{-}1}$</td></tr>
<tr><td>利用率 $A_{S1\text{-}2}$</td></tr>
<tr><td rowspan="2">保障设备设计特性 A_{S2}</td><td>技术性能 $A_{S2\text{-}J(1,\ \cdots,\ n)}$</td></tr>
<tr><td>保障性能 $A_{S2\text{-}B(1,\ \cdots,\ n)}$</td></tr>
<tr><td>与主装备的匹配性 A_{S3}</td><td>……</td></tr>
</table>

开展保障设备试验需要收集的信息一般包括：

(1) 保障设备性能情况；

(2) 保障设备编配合理性；

(3) 完好率信息；

(4) 保障设备自动化水平；

(5) 保障设备的“三化”水平。

6.2.2 评估方法

保障设备资源评估内容分定性和定量两部分。

1. 定性部分

定性部分包括各种无法量化的要求，如操作灵活性、人机协调性、使用方便性以及自保障能力强、易于维护管理等。保障设备资源定性评估的内容包括：

(1) 保障设备完成规定功能的程度；

(2) 保障设备编配的合理性；

(3) 保障设备的可操作性；

(4) 保障设备与火炮装备的匹配性；

(5) 保障设备种类、数量、性能是否满足使用维修的需要；

(6) 各使用和维修级别配备的保障设备功能和性能满足火炮平时和战时使用与维修的需要，品种和数量合理。

2. 定量部分

定量部分的评估内容主要是设备满足率、利用率。考虑到装备定型试验阶段主要对保障设备满足率和利用率进行验证，下面主要介绍这两种方法。

1) 设备满足率

设备满足率是指某一维修级别的保障设备在规定的时间周期内，在提出需求时能够提供使用的设备数之和与需求的设备总数之比。

定量评估的计算公式如下：

$$A_{S1-1}=\frac{X_1}{X_0} \tag{6-3}$$

式中：X_1为实际能够提供的设备数量；X_0为需求的设备总数量。

2) 保障设备利用率

保障设备利用率是指在规定的时间周期内，实际使用的设备数量与该级别实际拥有的设备总数之比。

定量评估的计算公式如下：

$$A_{S1-2}=\frac{Q_1}{Q_0} \tag{6-4}$$

式中：Q_1 为实际使用的设备数量；Q_0 为该级别拥有的设备总数量。

6.2.3 示例说明

以保障设备的满足率、利用率试验为例，说明保障设备试验。

1. 试验目的

考核保障设备的满足率、利用率，判断保障设备配备的必要性以及与主装备的匹配性。

2. 试验参数

(1) 保障设备满足率。

(2) 保障设备利用率。

3. 评估准则

(1) 如果保障设备满足率和利用率都达标，说明保障设备的配备数量是科学而经济的。

(2) 如果保障设备满足率达标，利用率不达标，说明保障设备的配备数量偏多，不经济。如果利用率非常低，也可能说明保障设备不该配备，是多余的。

(3) 如果保障设备满足率很低，而利用率较高，说明保障设备的配备数量太少。

4. 试验要求

总的原则是：尽量同其他试验与评估尤其是维修性试验与评估相结合。不同保障设备的试验与评估尽量并行进行。

(1) 人员要求：研究、生产单位的使用、维修人员；经过专门的培训。

(2) 装备要求：涉及要评估的保障设备的部件或子系统。如果多种保障设备联合试验与评估，可以用装备系统。

(3) 试验资源要求：保障设备的配备量要严格按照规定部署，为了实现本次试验所需的其他保障资源也要按照保障包来配置。

5. 试验内容

模拟实际的预防性维修、修复性维修的任务剖面，通过合理选取故障样本并注入故障，检测保障设备的利用率、满足率。

6. 试验周期

可通过模拟 1 次小修、1 次大修的维修任务，计算出满足平时训练的一个大修期内保障设备的需求量，也可通过故障注入的方式，估算出保障设备的需求量。

7. 数据收集方式

设置专门的数据管理小组、记录档案和记录规则。以天为基本统计单位，每天记录试验数据，每月一张表。具体数据包括保障设备使用量、保障设备需求量、备件配备量。

8. 数据收集表格

数据收集表见表 6-4 所示，可以根据实际情况改动，但不能去掉现有的内容。

表 6-4 数据收集表

名称	序号					
	1			2		
	使用量	需求量	配备量	……	……	……
保障设备 1						
保障设备 2						
……						

9. 试验与评估报告内容要求

给出保障设备的满足率、利用率。说明保障设备配备的必要性，配备量合理与否。

6.3 保障设施试验

保障设施是指使用与维修装备所需的永久性和半永久性的建筑物及其配套设备，主要包括厂房、车间、仓库、场地及其配套设施，它是实施火炮装备保障活动必不可少的条件之一。

保障设施试验的目的是通过试验评估保障设施能否满足使用、维修和储存火炮及各个级别备件、工具、保障设备要求，检查并评估其面积、空间、配套设施、环境条件的利用率。

图 6-1 描述了对保障设施进行试验的一般过程。试验工作在方案阶段进行，装备定型阶段考虑内容较少，这里进行概略介绍。

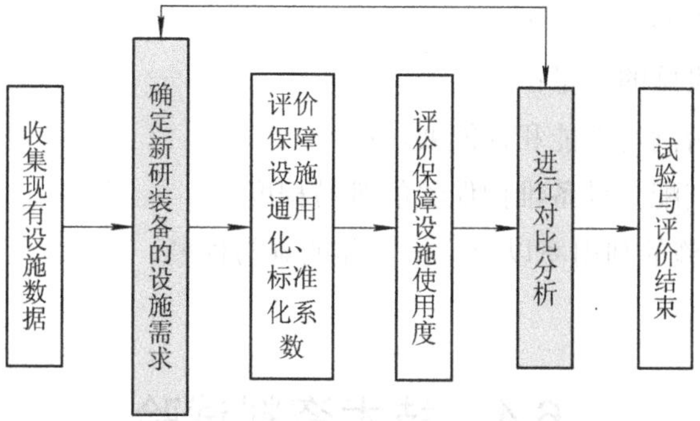

图 6-1 保障设施试验过程

6.3.1 试验参数及方法

根据设施利用率以及新装备对其他装备设施要求的影响，结合装备使用实际，建立试验参数如下。

1. 保障设施的通用化、标准化系数

保障设施的通用化、标准化系数是指装备试验所需保障设施中，通用化、标准化保障设施项数与保障设施总项数之比。定量评估计算公式是：

$$A_{BS}=\frac{S_1}{S_0} \tag{6-5}$$

其中：S_1 通用化、标准化为保障设施项数；S_0 为保障设施总项数。

2. 原有保障设施适用系数

原有保障设施适用系数是指现有同类装备的保障设施能被利用的程度。装备试验所需保障设施中，同类装备现有设施数与现有设施和增加设施总项数之比。定量评估计算公式是：

$$A_{BS1} = \frac{M_0}{M_0 + M_1} \tag{6-6}$$

其中：M_0 为同类装备现有设施数；M_1 为增加的设施数。

6.3.2 主要评估内容

(1) 配备保障设施的数量；

(2) 新研制保障设施的数量；

(3) 保障设施是否满足功能和性能要求；

(4) 保障设施及其配套设备维护保养的难易程度。

重点评估保障设施的利用率以及维护保养的难易程度。

6.4 技术资料试验

技术资料是在工程研制阶段随着装备的逐步设计生产而逐渐建立起来的。到了设计定型阶段，初步的技术资料已经形成。所以，其试验与评估适合在定型阶段开展，并且尽量在这个阶段完善。技术资料主要包括验收技术说明书、操作手册、维护保养说明书、规程、细则、清单、工程图样、软件及数据模型等。

技术资料试验通常以验收审查为主，并结合使用及维修试验同步进行。验收审查时，应组织包括订购方、承制方的专门审查组对研制单位提供的全套技术资料(包括随装的和各维修级别使用的)进行审查，作出技术资料是否齐全、是否符合合同规定的资料项目清单与质量要求的结论。验收审查时，特别要重视所提供的技术资料能否胜任各维修级别的规定维修工作的信息。技术资料不足或编写质量不高，都将严重影响装备的研制、运输、贮存和维修工作，影响部队战斗力的形成。

技术资料验收审查通常采用以下两种方法：一是书面检查。按事先制好的核对表和工作记录表，依据有关文件的要求对技术资料进行逐项检查并给定一个适用的质量评估因数。二是对照设备检查。对技术资料中的逻辑流程图、各章节的专业范围以及规定的维修细则等技术内容对照实际设备进行逐项审查，并给出一个表示技术正确性的质量评估因数。

6.4.1 试验参数

技术资料验收审查参数体系，见表 6-5 所示。

表 6-5　技术资料验收审查主要参数

顶层参数	参数类别	参 数 名 称
技术资料参数 A_Z	满足率 A_{Z1}	文字资料满足率 $A_{Z1\text{-}1}$
		表格资料满足率 $A_{Z1\text{-}2}$
		图样资料满足率 $A_{Z1\text{-}3}$
		音像资料满足率 $A_{Z1\text{-}4}$
		软件资料满足率 $A_{Z1\text{-}5}$
	利用率 A_{Z2}	文字资料利用率 $A_{Z2\text{-}1}$
		表格资料利用率 $A_{Z2\text{-}2}$
		……
	质量水平 A_{Z3}	完好率 $A_{Z3\text{-}1}$
		差错率 $A_{Z3\text{-}2}$
		……

6.4.2 评估方法

对技术资料的验收审查，一般进行下列评估：承制方按技术资料要求完成情况、技术资料内容准确性情况、技术资料满足装备使用情况。

其中，技术资料资源数据信息的定量评估可通过以下公式计算获得。

技术资料满足率 A_{Z1} 计算公式如下：

$$A_{Z1}=\frac{Z_1}{Z_0} \tag{6-7}$$

式中：Z_1 为现有技术资料数；Z_0 为应有技术资料数。

技术资料利用率 A_{Z2} 计算公式如下：

$$A_{Z2}=\frac{Z_2}{Z_1} \tag{6-8}$$

式中：Z_2 为被使用的现有技术资料数；Z_1 为现有技术资料数。

6.4.3 示例说明

1. 试验目的

评估技术资料的质量、水平，评估其是否与装备、人员以及管理模式相匹配。

2. 试验参数

(1) 技术资料满足率。

(2) 技术资料利用率。

(3) 技术资料质量水平。

3. 试验准则

技术资料的评估准则就是其对应的要求约束，具体如下：

(1) 技术资料的种类、格式和数量是否符合规定要求；

(2) 内容是否准确、完整，是否适合阅读；

(3) 是否能满足使用、维修工作要求，装备及保障系统的更改是否得到了正确反映；

(4) 当有要求时，是否按规定交付了数字化资料。

4. 试验要求

(1) 人员要求：与技术资料编写无关的部队使用维修人员，经过必要培训、明确试验目的与自身职责。

(2) 装备要求：小批量生产的试验用完整装备。技术资料的评估是说明性的，不用过多的装备数量，一般 3～5 辆车参试就能说明问题。

(3) 保障资源要求：按照保障性分析确定的保障资源配备试验时保障资源。不能使用规定之外的其他技术资料。

5. 试验内容

(1) 针对技术资料内容设计试验内容，测试技术资料的辅助、指导功能；

(2) 针对装备常见的各种使用、维修任务剖面设计试验内容，检测技术资料的全面性。

6. 试验周期

应该充分利用而不超出定型试验周期。

7. 数据收集方式

为每一套参试的技术资料建立一套记录档案。记录的信息包括：作业模式，有无技术资料支持，使用技术资料时间，累计次数，技术资料数量是否足够，是否易于查询、阅读、理解，是否能帮助解决问题，装备的更改是否得到及时反映等。

8. 数据收集表格

数据收集表格，见表 6-6 所示。

表 6-6　数据收集表格示意

	装卸蓄电池	检测电台故障	……
有无技术资料支持			
技术资料是否够用			
是否易于查询、阅读、理解			
是否能够帮助解决问题			
累计使用资料次数			
是否及时反映装备更改			
是否有数字化资料			
……			

9. 试验与评估报告内容要求

给出技术资料的综合评估，指出具体存在问题的章节；分析产生问题的原因，提出解决问题的建议。

6.5　训练保障试验

火炮装备列装部队后的使用与维修训练方法必须是在设计阶段就加以考虑的，以便尽快形成战斗力。同时还应考虑训练保障条件，如训练模拟器的研制，训练器材，维修程序和方法，教材、教具、挂图的制作等。

训练保障资源试验主要是用于评估训练器材、设备在数量与功能方面能否满足训练要求，受训人员按训练大纲、教材、器材与设备实施训练后能否胜任装备的使用与维修工作，设计更改是否已反映在技术资料、训练器材和设备中。保证接装单位所属使用与维修人员及时具有使用与维修保障能力，同步配发相应的训练教材和训练用模拟器材等。

6.5.1 试验参数及方法

训练保障参数从定量评估角度看主要涉及训练资料、训练器材和训练设备数量、满足率、利用率。从定性角度评估看很难进行量化，通常评估训练大纲的有效性以及训练器材、设备和设施在数量与功能方面能否满足训练要求，受训人员按训练大纲、教材、器材与设备实施训练后能否胜任装备的使用与维修工作，设计更改是否已反映在教材、训练器材和设备中。

目前，训练保障试验通过制定反馈表来进行试验与评估。参与培训的人员在培训结束时，填写培训意见表，最后对意见表进行汇总，形成该项目训练保障评估。详细的训练意见反馈表如表 6-7 所示。

表 6-7 训练意见反馈表

反馈内容	反馈意见			
训练内容是否合适	□优	□良	□中	□差
训练方法是否科学	□优	□良	□中	□差
模拟训练器材是否完备	□优	□良	□中	□差
课程设置是否合理	□优	□良	□中	□差
组织协调是否完善	□优	□良	□中	□差
培训和保障是否及时	□优	□良	□中	□差
其他意见				

6.5.2 主要评估内容

(1) 各类训练设施、设备的品种和数量；

(2) 新研制的训练设施、设备的品种和数量；

(3) 训练设施、设备是否满足规定的功能和性能要求；

(4) 培训教材是否满足规定的内容和格式要求。

重点评估训练器材、设备功能性能方面是否满足训练要求，训练组织、课程设置是否合理。

6.6　计算机资源试验

计算机资源主要包括装备使用和保障的内装式计算机系统所需的装置、硬件、软件、文档、人员素质和员额。

计算机资源试验用来检查计算机设施保障、硬件保障、软件保障、文档保障的齐套性和适用性。随着装备的日益复杂，装备中内嵌式计算机越来越多，其所消耗的资源和占用的时间也越来越大。因此，针对计算机本身的保障问题，对装备的计算机资源试验与评估也变得十分重要，成为保障性试验工作中的重要组成部分。

6.6.1　主要试验内容

计算机资源的评估参数同样很难量化，通常评估用于保障计算机系统的硬件、软件、设施的齐套性和适用性，文档的正确性和完整性，所确定的人员数量、技术等级能否满足规定的要求，关于软件升级及其保障问题是否得到充分考虑等。

由于目前装备中软件的使用越来越广泛，且越来越依赖软件，因此在计算机资源试验与评估时要充分考虑软件的保障问题。结合装备实际使用，提出装备计算机资源的试验与评估内容如下：

(1) 保障软件：分别从软件的可靠性、可维护性、安全性、人机工程等方面进行试验与评估。

(2) 保障硬件：分别从硬件设备的满足程度、适用程度等方面进行试验与评估。

(3) 保障操作：分别从操作说明软件的修改、软件综合和测试、软件质量评估、配置管理、复制、纠正措施、系统和软件等方面进行试验与评估。

(4) 软件交付后发生变更的预计层次。

6.6.2　主要评估内容

(1) 计算机硬件的品种和数量；

(2) 计算机软件的品种和数量；

(3) 计算机文档的品种和数量；

(4) 软件错误数和纠错时间；

(5) 计算机软件维护过程所需的人员数量和技术等级；

(6) 软件维护过程中对文档的正确性、完整性的评估。

重点评估计算机资源配置是否合理、充足。

6.7 包装、装卸、储存和运输试验

包装、装卸、储存和运输试验是指为保证装备及其保障设备、备件等得到良好的包装、装卸、储存和运输所需的程序、方法和资源等而进行的试验。

6.7.1 主要试验内容

军用标准对包装储运在装备论证、方案设计、工程研制、定型生产等各个阶段，均明确规定了包装储运应完成的任务内容、原则要求和工作程序，作为包装储运工作的指南，依此来制定包装储运大纲，该大纲的制定与装备的可靠性、维修性、安全性和人机工程等方面都有密切的联系。所以，根据包装储存运输大纲来检验核查装备，是装备实施包装、装卸、储存和运输的试验与评估过程中比较方便且效果较好的方法。

结合装备使用实际，提出包装、装卸、储存和运输试验的内容如下：

(1) 包装的方便性，指包装的要求是否容易到达；

(2) 装卸的方便性，指装备对常规的提升、装卸设备的适用程度；

(3) 储存的适应性，指装备对各种储存环境的适应程度；

(4) 运输的适应性，指装备对现有通用运输工具的适应程度，一般考虑对铁路、陆运、海运和空运等交通工具的适应程度。

6.7.2 主要评估内容

(1) 装载、卸载引起的试品损坏的数量和程度；

(2) 各类运输引起的试品损坏的数量和程度；

(3) 各类包装引起的试品损坏的数量和程度；

(4) 危险品包装、装卸、储存和运输的分析和试验数据。

重点评估装备尺寸、结果、重心是否满足有关限制要求，包装的使用环境标注，运输方便性及强度，储存方式及期限的合理性等。

6.8　保障人员试验

保障人员是指平时和战时使用与维修装备所需人员的数量、专业及技术等级。保障人员是使用与保障装备的主体，是战斗力的组成部分。装备投入使用后，需要一定数量具有一定专业技术等级的人员从事装备的使用与维修工作。因此，对装备的保障人员进行试验与评估，以检验他们是否胜任装备的使用与维修，就显得非常重要。

6.8.1　试验参数

关键问题是对装备使用与维修保障人员数量、专业和技术等级进行试验与评估。评估各个维修级别配备的人员的数量、专业、技术等级是否合理，是否符合使用方提出的约束条件，能否满足平时和战时使用与维修装备的需要。

1. 计算人员数量满足率

人员数量满足率是指现有可用人员数量和使用与维修所需的人员数量之比。其定量评估的计算公式如下：

$$A_{\mathrm{RY}}=\frac{R_1}{R_0} \tag{6-9}$$

其中：R_1 为现有人员数量；R_0 为使用和维修所需人员数量。

2. 人员技术等级达标率

人员技术等级达标率是指达到某种技术等级的人员数量在总保障人数中所占的比例。可以通过比例的高低来评估该装备人员技术等级水平的要求程度。其定量评估的计算公式如下：

$$A_{\mathrm{DJ}}=\frac{W_1}{W_0} \tag{6-10}$$

其中：W_1 为达到某技术等级人员数量；W_0 为使用和维修人员总数量。

6.8.2 试验方法

采用演示的方法结合性能试验对操作和维修人员进行实际操作考试。

操作人员考评主要内容：火炮装备维护保养操作、射击准备、射击实施和射后检查操作。

维修人员考评主要内容：火炮装备机械、电气故障维修与预防性维修，故障分析定位排除工作、模拟故障设置与排除。

6.8.3 主要评估内容

(1) 各项试验所需人员的专业、文化程度和数量；

(2) 各项试验中人员引起的差错记录；

(3) 人员训练类别、考核方式和成绩；

(4) 人员在计划的时间内不能完成规定任务的数量和比例。

根据操作人员和维修人员考试成绩、差错记录和完成任务情况，结合性能试验考核操作手和某一级别维修人员水平是否达到使用和维修火炮装备的要求。

第 7 章　保障性综合试验

前面两个章节介绍了保障性设计特性试验和保障资源试验，本章讨论保障性综合试验。保障性综合试验主要体现在战备完好性，战备完好性是一项综合指标，根据“第 3 章保障性要求参数指标体系构建”确定的战备完好性参数类别，战备完好性试验可分为：战备转级时间试验、战斗准备时间试验、可用度试验、战备完好率试验。其中，战备转级时间试验、战斗准备时间试验、可用度试验可在装备定型阶段进行，战备完好率试验应在装备定型部署后在实际使用条件下进行。

战备完好性试验是为了验证和评估装备系统是否时刻具备承担执行规定任务的能力的试验考核活动。战备完好性作为装备的重要使用要求之一，其试验与评估应贯穿装备研制与使用全程。

在装备设计定型阶段，由于不存在真实的保障系统，故无法对装备系统的战备完好性进行系统验证，只能利用已获得的可靠性、维修性、测试性、保障资源试验结论，与其基准比较系统、类似装备的信息进行对比分析，对战备完好性进行初步评估，以便尽早发现影响装备系统战备完好性的问题。

在装备生产定型阶段，由于装备开始实施由研制向生产的转化，并开始进入建立初始保障系统的过程，因此，可结合部队实际试用情况，充分利用装备列装后部队正式使用的保障设备、备件以及正式的技术资料和维修计划，进行战备完好性的初始试验。

在装备定型部署后，使用单位还应在实际使用条件下对装备的战备完好性进行后续试验与评估，进而为调整保障系统和装备改型及新型号研制提供必要的信息，从而最大限度地利用资源，减少重复工作。

7.1　战备转级时间试验

等级战备是部队为准备执行作战任务或者情况需要时，根据上级命令进入的高度戒备状态。火炮装备系统应按照规定的要求和时限完成战备等级转换，并必须保持规定的战备状态。

战备转级时间试验的组织实施应按照部队装备战备等级转换的实际过程进行。

7.1.1 试验参数

大部分火炮装备战备等级转换工作主要包括受领转换任务、明确战备工作、领取物资器材、启封、清洁、检查、调整、紧固、油液加注、弹药装放、武器校正、蓄电池充电及装放、轮胎充放气、携行物资固定、建立通信联络等工作。战备转级时间也主要是由上述各项工作的时间构成的。因此，战备转级时间试验参数可由上述工作的时间要求构成。战备转级时间试验参数体系，见表 7-1。

表 7-1 战备转级时间试验的主要参数

顶层参数	参数类别	参数名称
战备转级时间 T_B	装备启封时间 T_{B1}	发动机启封时间 T_{B1-1}
		火炮启封时间 T_{B1-2}
		机枪启封时间 T_{B1-3}
		⋮
		T_{B1-N}
	装备检查时间 T_{B2}	底盘系统检查时间 T_{B2-1}
		火力(控)系统检查时间 T_{B2-2}
		信息联通系统检查时间 T_{B2-3}
		⋮
		T_{B2-N}
	油液加注时间 T_{B3}	燃油加注时间 T_{B3-1}
		机油加注时间 T_{B3-2}
		润滑油加注时间 T_{B3-3}
		⋮
		T_{B3-N}

续表

顶层参数	参数类别	参 数 名 称
战备转级时间 T_B	弹药装放时间 T_{B4}	炮弹装放时间 $T_{B4\text{-}1}$
		枪弹装放时间 $T_{B4\text{-}3}$
		⋮
		$T_{B4\text{-}N}$
	武器校正时间 T_{B5}	火炮校正时间 $T_{B5\text{-}1}$
		机枪校正时间 $T_{B5\text{-}2}$
		⋮
		$T_{B5\text{-}N}$
	蓄电池充电及装放时间 T_{B6}	……
	携行物资固定时间 T_{B7}	……
	建立通信联络时间 T_{B8}	……
	⋮	⋮
	T_{BN}	……

7.1.2　评估方法

对战备转级时间 T_B，应按照有关规定及考核标准与方法进行综合评估。

T_B 计算方法如下

$$\hat{T}_B = \frac{\sum_{i=1}^{n} T_{Bi}}{n} \tag{7-1}$$

其中：$\hat{T}_B$ 为单门火炮战备转级时间的点估计值，如 $\hat{T}_B$ 小于研制总要求中的规定值，即可通过验收，否则拒收；n 是试验次数；T_{Bi} 为每次试验计算的综合工作时间。

战备转级时间 T_B 的试验数据记录表，如表 7-2 所示。

表 7-2 单门火炮战备转级时间统计表

被试装备：　　　　　　　　　　　　　　　　　　　　　　　　　　　　记录人：

序号	时间项目	时间/分钟	备注
1	装备启封		
2	装备检查		
3	油液加注		
4	弹药装放		
5	武器校正		
6	蓄电池充电		
7	蓄电池装放		
8	携行物资固定		
9	建立通信联络		
10	其他工作		
11	总时间		此处为实际所用总时间，并非上述单项时间之和，应考虑到并行作业的问题

7.1.3 评估指标

按照 7.1.2 节中的方法计算火炮装备战备转级时间，并与研制总要求中提出的战备转级时间进行比较，判定是否满足要求。

7.2 战斗准备时间试验

单门火炮战斗准备是指为遂行具体战斗任务而进行的技术状态检查与恢复、油料弹药补给等各项战前准备工作。

单门火炮战斗准备时间试验的组织实施应按照作战及训练的实际过程进行。

7.2.1 试验参数

单门火炮战斗准备通常是在集结地域完成，主要包括基本准备和直前准备。鉴于保障性试验的对象及目的要求，战备完好性试验中的单门火炮战斗准备时间应为单门火炮在集结地域完成的基本准备工作的时间。因此，单门火炮战斗准备时间试验参数可由单门火炮在集结地域完成的基本准备工作的时间要求构成。单门火炮战斗准备时间试验参数体系，见表 7-3。

表 7-3　单门火炮战斗准备时间的主要参数

顶层参数	参数类别	参 数 名 称
单门火炮战斗准备时间(基本准备) T_Z	检查保养时间 T_{Z1}	底盘系统检查保养时间 $T_{Z1\text{-}1}$
		火力(控)系统检查保养时间 $T_{Z1\text{-}2}$
		信息联通系统检查保养时间 $T_{Z1\text{-}3}$
		⋮
		$T_{Z1\text{-}N}$
	油液补充时间 T_{Z2}	燃油补充时间 $T_{Z2\text{-}1}$
		机油补充时间 $T_{Z2\text{-}2}$
		润滑油补充时间 $T_{Z2\text{-}3}$
		⋮
		$T_{Z2\text{-}N}$
	弹药补充时间 T_{Z3}	炮弹补充时间 $T_{Z3\text{-}1}$
		枪弹补充时间 $T_{Z3\text{-}3}$
		⋮
		$T_{Z3\text{-}N}$
	物资器材补充时间 T_{Z4}	备件补充时间 $T_{Z4\text{-}1}$
		消耗品补充时间 $T_{Z4\text{-}2}$
		⋮
		$T_{Z4\text{-}N}$
	工事构筑时间 T_{Z5}	单门火炮掩体构筑时间 $T_{Z5\text{-}1}$
		人员避弹所构筑时间 $T_{Z5\text{-}2}$
		⋮
		$T_{Z5\text{-}N}$
	武器校正时间 T_{Z6}	火炮校正时间 $T_{Z6\text{-}1}$
		机枪校正时间 $T_{Z6\text{-}2}$
		⋮
		$T_{Z6\text{-}N}$
	⋮	⋮
	T_{ZN}	……

7.2.2 评估方法

对单门火炮战斗准备时间T_Z，应按照有关规定及考核标准与方法进行综合评估。

T_Z计算方法如下

$$\hat{T}_Z = \frac{\sum_{i=1}^{n} T_{Zi}}{n} \tag{7-2}$$

其中：$\hat{T}_Z$为单门火炮战斗准备时间的点估计值，如$\hat{T}_Z$小于研制总要求中的规定值，即可通过验收，否则拒收；n是试验次数；T_{Zi}为每次试验计算的综合工作时间。

单门火炮战斗准备时间T_Z的试验数据记录表，如表7-4所示。

表7-4 单门火炮战斗准备时间统计表

被试装备：　　　　　　　　　　　　　　　　　　　　　　　　　　　记录人：

序号	时间项目	时间/分钟	备　注
1	检查保养		
2	油液补充		
3	弹药补充		
4	物资器材补充		
5	工事构筑		
6	武器校正		
7	其他工作		
8	总时间		此处为实际所用总时间，并非上述单项时间之和，应考虑到并行作业的问题

7.2.3 示例说明

本节以检查保养试验为例进行说明。

1. 试验目的

单门火炮战斗准备的检查保养试验，主要是考核单门火炮动用前的检查保养事项。

2. 试验内容

可按火炮装备的系统组成区分检查保养试验项目，例如，可分为底盘系统的检查保养试验、火力系统的检查保养试验等。

底盘系统的战斗准备检查保养试验项目及内容，如表 7-5 所示。

表 7-5　底盘系统的战斗准备检查保养试验项目及内容

检查保养部位		主要检查保养内容
置装力	发动机及附件	检查润滑油、冷却液、燃油量等使用情况
	冷却系统	检查冷却液、密封垫等使用情况
	附属用气系统	检查气压范围
传动装置		检查油量； 检查各传动装置部件的紧固和连接情况； 检查球笼密封罩等损坏情况
操纵装置	离合器操纵装置	检查油箱液面； 检查油源电机、继电器； 检查机械连接紧固情况
	变速操纵装置	检查机械部分工作、连接、紧固情况； 检查液压系统工作情况； 检查控制系统工作情况
	转向系统	检查油箱的油位； 检查方向盘、万向节、转向器、转向垂臂、纵拉杆等紧固件工作情况
	制动系统	检查制动系统紧固、管路、排气情况
	液压传动系统	检查液压系统部件、管路紧固密封情况
	车轮	检查轮胎阀和气管损坏情况
底盘电气装置	—	检查各类电气部件工作情况； 检查电缆紧固情况； 检查底盘内外灯具工作情况

火炮装备的战斗准备检查保养试验项目及内容，如表 7-6 所示。

表 7-6 火炮装备战斗准备检查保养试验项目及内容

检查保养部位	主要检查保养内容
火炮的检查与保养	……
光学仪器的检查与保养	……
自动输弹机的检查与保养	……
火控系统的检查与保养	……
……	……

3. 试验时机

试验时机的选择可结合其他试验进行，也可按战斗准备流程单独组织开展。

4. 试验条件

试验条件为保养设备及相关资源齐备。

5. 试验方法

试验方法可采用演示试验的方法，用被试装备进行 3～5 次演示，然后计算其平均值。

6. 评估指标

用上述方法计算火炮战斗准备时间，并与研制总要求提出的火炮战斗准备时间进行比较，判断是否满足要求。

7.3 可用度试验

可用度是在装备定型阶段用于可度量及考核的战备完好性参数。由于可用度涉及装备使用、维修及管理的“全过程”，因此，对可用度的度量及考核，应采用系统综合试验的方式进行。

7.3.1 试验参数

可用度试验参数应由装备使用时间、修复性维修时间、预防性维修时间、保障延误时间及管理延误时间构成。其中，固有可用度涉及装备使用时间和修复性维修时间；可达可用度涉及装备使用时间、修复性维修时间和预防性维修时间；使用可用度涉及以上全部时间因素。可用度试验参数体系，见表 7-7。

表 7-7　可用度试验的主要参数

<table>
<tr><th>顶层参数</th><th colspan="4">参数类别</th><th>参数名称</th></tr>
<tr><td rowspan="19">可用度</td><td rowspan="19">使用可用度 A_O</td><td rowspan="10">可达可用度 A_a</td><td rowspan="6">固有可用度 A_i</td><td rowspan="3">装备使用时间 T_O</td><td>底盘摩托小时消耗时间</td></tr>
<tr><td>火炮武器系统工作时间</td></tr>
<tr><td>……</td></tr>
<tr><td rowspan="3">修复性维修时间 T_{CM}</td><td>故障检测时间</td></tr>
<tr><td>故障排除时间</td></tr>
<tr><td>……</td></tr>
<tr><td colspan="2" rowspan="4">预防性维修时间 T_{PM}</td><td>保养时间</td></tr>
<tr><td>小修时间</td></tr>
<tr><td>中修时间</td></tr>
<tr><td>……</td></tr>
<tr><td colspan="3" rowspan="6">保障延误时间 T_{LD}</td><td>备件延误时间</td></tr>
<tr><td>设备延误时间</td></tr>
<tr><td>设施延误时间</td></tr>
<tr><td>运输延误时间</td></tr>
<tr><td>人员延误时间</td></tr>
<tr><td>……</td></tr>
<tr><td colspan="3" rowspan="3">管理延误时间 T_{AD}</td><td>由于计划不周或管理不善造成装备不能工作的时间</td></tr>
<tr><td>由于机构人员配备不合理造成的装备维修延误时间</td></tr>
<tr><td>……</td></tr>
</table>

7.3.2 试验方法

1. 固有可用度

固有可用度是一种稳态可用度，GJB 415A—2005《可靠性维修性保障性术语》将其定义为：仅与工作时间和修复性维修时间有关的一种可用性参数。其一种度量方法为：装备的工作时间与工作时间和修复时间之和的比。

固有可用度的表达式为

$$A_i = \frac{T_O}{T_O + T_{CM}} \tag{7-3}$$

其中：A_i 为固有可用度；T_O 为工作时间；T_{CM} 为修复性维修总时间。

2. 可达可用度

可达可用度是度量装备战备完好性的重要参数，它是装备可靠性、维修性和测试性的综合反映，也是装备保障性的重要体现。GJB 415A—2005《可靠性维修性保障性术语》将其定义为：仅与工作时间、修复性维修和预防性维修时间有关的一种可用性参数。其一种度量方法为：装备的工作时间与工作时间、修复性维修时间、预防性维修时间之和的比。可达可用度的表达式为

$$A_a = \frac{T_O}{T_O + T_{CM} + T_{PM}} \tag{7-4}$$

其中：A_a 为可达可用度；T_O 为工作时间；T_{CM} 为修复性维修总时间；T_{PM} 为预防性维修总时间。

3. 使用可用度

使用可用度 A_O 综合反映了装备的硬件、软件、保障能力和环境条件，故其成为平时度量战时装备潜在的战备完好性最理想的参数。对于许多新研装备来说，可以通过使用试验或在使用环境下获得可用度数据来评估战备完好性。GJB 415A—2005《可靠性维修性保障性术语》将其定义为：与能工作时间和不能工作时间有关的一种可用性参数。其一种度量方法为：装备的能工作时间与能工作时间、不能工作时间之和的比。

使用可用度的表达式为

$$A_{\mathrm{O}} = \frac{T_{\mathrm{O}}}{T_{\mathrm{O}} + T_{\mathrm{PM}} + T_{\mathrm{CM}} + T_{\mathrm{LD}} + T_{\mathrm{AD}}} \tag{7-5}$$

其中：A_{O} 为使用可用度；T_{O} 为工作时间；T_{PM} 为预防性维修时间；T_{CM} 为修复性维修时间；T_{LD} 为保障延误时间；T_{AD} 为管理延误时间。

对使用可用度 A_{O} 评估的有关说明：由于客观存在“用于试验的保障系统不能真实地代表装备系统投入外场使用时的实际保障系统，以及试验时保障与测试设备的使用率、修理待命率、维修周转时间(试验往往无排队现象)不能反映部队的外场使用”等情况，因此，必须对通过试验试用获取的可用度参数值进行必要的修正。例如，修复性维修时间和预防性维修时间可通过可靠性、维修性、测试性等与保障有关的设计特性试验获取，但获取的时间(参数值)必须能反映出可靠性、维修性、测试性的真实使用值，否则应对其进行修正。

7.3.3　示例说明

可用度试验的重点是统计装备的修复性维修时间和预防性维修时间，难点是如何真实地反映出部队使用装备时客观存在的保障及管理延误时间。其中，修复性维修和预防性维修工作所用的时间，主要反映了有关可靠性、维修性等设计特性对战备完好性的影响；保障及管理延误时间，由于涉及保障和管理体制、资源等问题，在现实中常常要比平均维修时间更长，对可用度的影响更大。因此，在可用度试验中，对于修复性维修时间试验和预防性维修时间试验，可结合可靠性、维修性和测试性试验项目进行；对使用可用度的度量及考核，则应在部队试用过程中采用系统综合试验的方式进行。

1. 修复性维修试验

(1) 试验目的。

试验的目的是，结合装备使用操作中出现的故障，开展故障检测试验，记录故障检测时间。

(2) 试验内容。

试验内容主要包括：

① 底盘系统故障检测试验；

② 火力系统故障检测试验；

③ 火控系统故障检测试验；

④ 通信系统故障检测试验等。

(3) 试验时机。

在装备使用操作过程中发生故障后及时进行故障检测，通常应结合可靠性、维修性和测试性试验进行，也可视情单独实施。

(4) 试验条件。

故障检测主要由修理人员实施，乘员协助；试验设备为部队现有检测设备和预随被试装备列装的检测设备。

(5) 试验方法。

试验方法可以采用演示试验的方法。针对装备故障，分析故障现象，根据检测诊断、理论分析结果查找故障原因；在试验中详细记录故障的发生与检修的方法及过程，以及故障检测时间。

(6) 评估指标。

① 故障检测时间；

② 故障检测准确率。

2. 预防性维修试验

(1) 试验目的。

试验的目的是，通过记录维护保养中的器材物资消耗、维修机具设备使用以及人力工时等情况，考核装备系统维护保养的方便性和工作量大小、维修保障资源的适用性和完备程度。

(2) 试验内容。

试验的内容主要包括：

① 动用保养试验；

② 周保养试验；

③ 月保养试验；

④ 半年保养试验。

(3) 试验时机。

按照装备保养制度的要求，在每次装备的动用过程中进行装备动用前保养、动用中保养和动用后保养的试验；每一训练轮次的单周最后一个训练日进行周保养试验；每一训练轮次的最后一个训练日进行月保养试验；根据试验阶段的总体划分，结合装备的等级修理试验任务，进行半年保养试验。

(4) 试验条件。

动用保养由乘员使用随车工具和就便器材在每次装备的动用过程的各个阶段完成；周保养由乘员使用随车工具、部分维护保养工具，依靠车场保养设施完成；月保养由乘员使用随车工具、部分维护保养工具、检测设备，依靠车场保养设施完成，必要时在修理分队的协助下完成；半年保养由乘员使用随车工具、维护保养工具、检测设备，结合装备的等级修理任务，在修理分队的协助下完成。

(5) 试验方法。

试验方法可以采用演示试验的方法，以被试装备系统保养制度的时间划分为依据，按照被试装备系统《使用维护说明书》中相关保养内容的描述，对被试装备系统进行全面系统的保养。在试验的组织上，应尽量接近部队实际。

试验过程中可以从装备行驶日志中得到摩托小时的消耗信息，从保养记录表中获得保养次数和保养时间信息。

(6) 评估指标。

通过上述方法计算实际火炮装备可用度值，并与研制总要求可用度指标进行比较，判定是否满足要求。

7.4　保障效能试验

装备效能是指在规定的条件下达到规定使用目的的能力。火炮装备效能是指火炮在规定的条件下摧毁敌方目标的能力。装备效能有指标效能、系统效能和作战效能三类，而保障效能是作战效能中的一种。保障效能是指装备保障资源完成任务能力的度量，是保障资源定性定量综合保障的能力。

7.4.1　效能评估方法介绍

对装备保障效能的认识和评估的目的不同，使用的评估方法也不一样。常用的效能评估方法有指数法、层次分析法、德尔菲法、A.D.C 法以及灰色理论评估法等，下面逐一介绍。

1. 指数法

指数法是最常用的作战效能评估方法，是一种半经验半理论的方法，尽管有着理论上的不足，但它至少在形式上做到了以统一的“尺度”(指标体系)来度量部队的保障能力的相对大小，使得指挥人员对一支部队的保障能力的强弱在总体上有一定的认识和把握。指数法比较适用于大规模的武装力量对抗作战中作战要素的量化，其优点是与传统分析法相近，易于接受和掌握，结构简单，评估分析快捷方便，定性与定量综合集成。现有的指数法和指数体系存在着一些明显的缺陷：

(1) 装备的保障能力指数值没有明确的物理意义或战术意义；

(2) 许多指数体系所给出的指数值不能全面反映编成；

(3) 指数本身所包含的信息量太少，从部队的保障能力指数值中，无法判断其作业实施能力或机动能力究竟如何。

2. 层次分析法

层次分析法(AHP 法)是美国匹兹堡大学教授 T.L.Saaty 于 20 世纪 70 年代中期提出的一种系统分析方法。80 年代引入我国，随后 AHP 的研究得到迅速发展。AHP 是一种将定性和定量分析相结合的系统分析方法，它将人们的思维过程数学化、模型化、系统化、规范化，思路清晰，方法简便，适用面广，系统性强，便于人们接受，因而得到普及推广。

层次分析法的核心思想是根据研究对象的性质将要求达到的目标分解为多个组成因素，并按因素间的隶属关系，将其层次化，组成一个层次结构模型，然后按层分析，最终获得最低层因素对于最高层(总目标)的重要性权值，或进行优劣性排序。AHP 法把一个复杂的无结构问题分解组合成若干部分或若干因素(统称为元素)，例如目标、准则、子准则、方案等，并按照属性不同，把这些元素分组形成互不相交的层次。上一层次对相邻的下一层次的全部或某些元素起支配作用，这就形成了层次间自上而下的逐层支配关系，这是一种递阶层次关系。在 AHP 法中，递阶层次思想占据核心地位，通过分析建立一个有效合理的递阶层次结构，对于成功地解决问题具有决定性的意义。

3. A. D. C 法

A. D. C 法是由美国工业界武器系统效能咨询委员会(WSEIAC)提出的系统效能评估模型，被认为是很有效、很通用的系统评估模型，在诸多领域得到广泛应用。该方法基本思想以系统的总体构成为对象，以所完成的任务为前提对效能进行评估。

A. D. C 法根据可用性(即战备状态)、可依赖性(即可靠性)和能力(Capacity)三大要素评估装备系统，把这三大要素组合成一个表示装备系统总性能的单一效能度量。A. D. C 法作为解析法的一种，其公式透明性好，易于理解和计算，可以进行变量间关系的分析，应用方便。

A. D. C 法的主要特点是：

(1) 把系统效能表示为可用度、可信度和固有能力的相关函数，从而考虑了装备结构和战技术特性之间的相关性，强调了装备的整体性；

(2) 该方法概念清晰，易于理解与表达，应用范围广，是在国内外得到相当广泛应用的效能评估方法之一；

(3) 该评估模型提供了一个评估系统效能的基本框架，可以容易地对 A. D. C 模型加以扩展使用，如添加环境、人为因素等影响因子向量；

(4) 公式中能力矩阵的确定直接关系到评估结果的准确性，如何确定能力矩阵是该算法的关键点，也是难点；

(5) 有研究人员认为该方法过于粗糙，不能很好地反映系统要素之间的复杂联系及其对系统效能的影响。(A. D. C 法将会在 7.4.2 中进一步描述)

4. 德尔菲法

德尔菲法是根据有专门知识的人的直接经验，对所要研究的问题进行判断、预测的一种方法，其本质是利用专家的知识、经验、智慧等无法量化的信息，通过通信的方式进行信息交换，逐步地取得较一致的意见，达到预测的目的。

德尔菲法是英文 Delphi 的中文译名，也称为专家咨询法或专家调查法，是美国兰德公司在 20 世纪 50 年代创立的一种预测方法。德尔菲法是在专家个人判断和专家会议方法的基础上发展起来的一种新型直观预测方法。它融合了专家个人判断和专家会议两种方法的优点，通过发函个别地反复地对有关专家进行征询，每次征询后都对专家们的意见进行统计处理并匿名反馈给各个专家，以求专家重新考虑自己的见解(对原来的意见进行修正)，这样几次反复(一般反馈 2～4 次)便会使专家意见逐步趋向一致。目前，德尔菲法已发展成为应用十分广泛的专家评估方法。

(1) 德尔菲法的基本思想。

德尔菲法的本质是利用专家的经验和智慧来预测和解答问题。专家根据其掌握的各种信息和自己的丰富经验，经过抽象、概括、综合、推理的思维过程，得出各自的见解，再经汇总分析而得出结论。采用判断预测的方法往往难以搜集大量的统计预测数据，无法以传统的数学方法进行量化，或者是虽可用经典数学进行清晰、精确的计算，但反而不如专家的判断更为可靠或更有实际意义。因此，德尔菲法是各种评估意见的汇总，是定性概念的集合。它科学地解决了如何对专家调查、调查多少位专家比较可信和对于调查数据如何处理等问题，对于解决那些不能通过解析法进行量化的问题十分有效。

(2) 德尔菲法的主要特点。

① 匿名性。德尔菲法不是将专家们召集在一起开会讨论，而是事先将需要回答的问题设计出征询调查表，分别寄给参加预测的专家，要求每个专家书面回答问题，每个专家将问题的答案寄回给预测组织者，而后用统计方法整理出专家们的意见。这样可以消除因专家个人的权威、资历、口才、环境压力等因素而产生的心理影响，因而能够客观地表达专家本人的意见，使各种不同的观点可以得到充分的发表。

② 反馈性。德尔菲法在预测过程中，要进行几轮征询专家意见。预测组织者将每轮预测结果连同下轮的调查表一起反馈给专家们，专家们可以从反馈中得知集体的意见和目前的预测结果的状况，以及赞成或反对的各种理由，并作出自己新的判断，经多次反馈，可以得到一个相对比较一致的预测结果。

③ 统计性。利用统计学的方法对每次预测结果进行统计。将统计处理的结果反馈给专家，以让他们了解专家“集体”的倾向性意见、意见集中与分散程度、个别持不同意见者的理由，以起到专家间相互交流的作用。

5. 灰色关联度法

灰色关联度法是一种模糊综合评估法，是一种新型的评估方法，近 30 多年的发展，已经建立起一门新兴学科的结构体系。其主要内容包括以灰色朦胧集为基础的理论体系，以灰色关联空间为依托的分析体系，以灰色序列生成为基础的方法体系，以灰色模型(GM)为核心的模型体系，以系统分析、评估、建模、预测、决策、控制、优化为主体的技术体系。灰色朦胧集、灰色代数系统、灰色方程、灰色矩阵等是灰色系统理论的基础。

这 5 种方法的优缺点见表 7-8。

表 7-8　效能评估常用方法优缺点

方法	优　点	缺　点
指数法	① 结构简单、使用方便； ② 效能建立在武器系统自身的战术技术性能指标的基础上，避开了大量不确定因素的影响，从而增强了评估的准确性	① 缺乏深刻的理论基础； ② 基于同一概念的模型算出的不同对象的效能指数难以比较，用不同模型算出的效能指数就更是无法比较了
层次分析法	① 反映递阶层次结构的思维方式； ② 理论性强、层次性好、形式简明、系统性强； ③ 体现人的经验，采用定性和定量分析相结合的方法	① 对系统效能只能进行静态地评估；采取打分或调查的办法确定权重，具有一定的主观性； ② 难以描述武器系统与作战概念之间的相互作用和非线性关系
A. D. C 法	① 充分而细致地考虑了系统可靠性问题； ② 概念清晰，易于理解与表达，应用范围广，便于计算	① 能力向量不容易得出； ② 系统状态较多时矩阵庞大，处理复杂
德尔菲法	① 能客观表达专家意见，统计得到一个比较一致且可靠性较高的评估结果； ② 采用统计方法对专家判断结果进行处理，使定性问题可以用定量方法描述	① 在理论上缺乏深刻的逻辑论证，受主观因素和认识上的局限较大； ② 工作量大，调查时间长
灰色关联度法	能够有效地提取出评估对象的客观性和主观性，并将它们综合分析是评估结果更加客观准确	理论体系不是很完善，现有模型存在某些不足之处，不能很好地解决一些实际问题

鉴于上述分析，火炮装备在试验中，装备的可靠性问题是重点关注对象，试验中积累

了大量试验数据，具备了进行效能统计分析和评估的基本条件，因此，A. D. C 法效能评估和灰色理论评估法在装备试验鉴定阶段得到了广泛应用。下面重点介绍 A. D. C 法，同时考虑到灰色理论评估法也在装备效能试验鉴定阶段逐步在探索运用，这里也就其模型建立作一简单介绍。

7.4.2 ADC 方法

1. ADC 方法的基本思想

ADC 方法认为系统效能是预期一个系统满足一组特定任务要求程度的量度，是系统可用性、可信性与固有能力的函数。其表达式是

$$E = A \cdot D \cdot C \tag{7-6}$$

其中：$\boldsymbol{E}$ 为火炮装备效能；$\boldsymbol{A}$ 为火炮装备可用性(系统在开始执行任务时所处状态的量度)；$\boldsymbol{D}$ 为火炮装备可信性(系统在执行任务过程中所处状态的量度)；$\boldsymbol{C}$ 为火炮装备能力(系统完成规定任务之能力的量度)。

武器系统的可用性是指武器系统在开始执行作战任务时系统所处状态的概率。武器系统效能要素中的可用性，是一个向量。因为武器系统是由多个分系统组成的复杂系统，有的分系统出现故障或失效时，可能只使系统降低效能，但能不同程度地完成给定任务，即武器系统可能处于若干个明显划分的工作状态。简单的武器系统可能只有两种状态：工作状态和故障状态。武器系统可用性是可靠性与维修性的综合反映。

任务可信性是在已知武器系统开始执行任务时所处状态的条件下，在执行任务过程中某个瞬间或多个瞬间的系统有效状态的概率。对于执行任务期间不可维修的武器系统，武器系统任务可信性可直接用任务可靠度来表征。

能力是指在已知系统执行任务过程中所处状态条件下，武器系统完成规定任务的能力量度。它是武器系统的性能、目标特征和作战环境的综合量度。

2. ADC 方法的基本步骤

ADC 方法的一般评估步骤为：

1) 确定系统初始状态参数

系统最简单的状态是能使用与不能使用两种状态，复杂情况下会是多状态的问题，如由两套独立的具有两状态的子系统组成的系统，会有四个状态，应根据系统的实际情况确

定系统的状态。

2) 计算可用性向量

确定了系统的所有状态后，可根据系统的可靠性、维修性、测试性，以及系统状态的定义计算系统在开始执行任务时所处各状态的概率。

系统可能状态一般由系统的可工作状态、工作保障状态、定期维修状态、故障状态、等待备件状态等组合而成。系统处于某种工作状态的概率可用该种状态持续工作时间与总时间的比值表示。

武器系统可用性向量表达式为

$$\boldsymbol{A}=(a_1,\ a_2,\ \cdots,\ a_n) \tag{7-7}$$

其中：$a_i(i=1,2,\cdots,n)$ 为开始执行任务时武器系统处于 i 状态的概率；n 为有效状态的数量；$\sum_{i=1}^{n} a_i = 1$。

一般情况下，假定火炮装备在试验中可能处于工作状态和不能工作状态其中的一种，即正常状态和故障状态，这时可用性向量表示为

$$\boldsymbol{A}=[a_1,\ a_2] \tag{7-8}$$

若已知火炮射击失效率 λ(或平均故障间隔发数 MRBF)和修复率 μ(或平均无故障修复时间 MTTR)，那么火炮装备所处两个状态的概率为

$$a_1=\frac{\text{MRBF}}{\text{MRBF}+\text{MTTR}}=\frac{1/\lambda}{1/\lambda+1/\mu} \tag{7-9}$$

$$a_2=\frac{\text{MRBF}}{\text{MRBF}+\text{MTTR}}=\frac{1/\lambda}{1/\lambda+1/\mu} \tag{7-10}$$

通过上面分析，不难看出火炮效能与其可靠性、维修性、保障性密切相关。

3) 根据系统特有属性计算可信度矩阵

可行性矩阵中各元素代表系统在任务期间内的状态转移概率，根据各元素的含义及系统的可靠性、维修性参数，可计算出系统由初始的 i 状态经历任务转移到 j 状态的概率 d_{ij}。

可信度矩阵为

$$D=\begin{bmatrix} d_{11} & d_{12} & \cdots & d_{1n} \\ d_{21} & d_{22} & \cdots & d_{2n} \\ \cdots & \cdots & & \cdots \\ d_{n1} & d_{n2} & \cdots & d_{nn} \end{bmatrix} \tag{7-11}$$

其中：d_{ij}表示系统运行时，系统由第 i 状态跃变到第 j 状态的概率，且满足

$$\sum_{j=1}^{n} d_{ij}=1 \tag{7-12}$$

可信性是系统在执行任务过程中能够正常运行的量度，它描述的是投入运行的系统在工作过程中不产生故障完成规定功能的概率，显然，它直接取决于系统的可靠性和使用过程中的修复性，当然也与人员素质、组织管理等因素有关。具体计算时须考虑各个独立的分系统处于何种状态，例如正常状态、故障运行、失效等及其状态转移的概率分布。

4) 系统能力向量的确定

ADC 方法中，能力矩阵 $\boldsymbol{C}$ 是系统效能的集中体现，也是求解效能的关键所在。

根据能力向量的定义，$\boldsymbol{C}_j$ 代表系统处于状态 j 时完成任务的概率或所能完成的任务量。对于要求系统在任务期间内连续工作的情况，$\boldsymbol{C}_j$ 可根据任务结束时系统所处的状态 j 能完成任务的概率(或量)计算。对于允许系统不必在整个任务期间内连续工作的情况，$\boldsymbol{C}_j$ 的计算则应计算出所有 n 个状态中的任一状态 i 转移到状态 j 时所能完成任务的概率(或量)$\boldsymbol{C}_j$。

一般火炮装备能力矩阵是一个 $n\times m$ 的矩阵，即

$$C=\begin{bmatrix} c_{11} & c_{12} & \cdots & c_{1m} \\ c_{21} & c_{22} & \cdots & c_{2m} \\ \cdots & \cdots & & \cdots \\ c_{n1} & c_{n2} & \cdots & c_{nm} \end{bmatrix} \tag{7-13}$$

其中：c_{ij}表示系统第 j 项能力在第 i 种状态下完成任务的量度。

5) 计算系统效能

计算 $\boldsymbol{E}=\boldsymbol{A}\cdot\boldsymbol{D}\cdot\boldsymbol{C}$，最终得出的系统效能为向量。既可以直接用该向量作为评估结果，也可以给 m 个能力向量评分。按照每个能力向量的权重，得出最终的系统效能评估值。

3. 火炮装备效能评估

按照上述计算过程求出效能评估参数，将得到的效能参数与火炮装备论证要求的效能

参数比较，判断是否满足要求。

7.4.3　灰色关联度法

灰色理论研究的是“部分信息明确，部分信息未知”的“小样本，贫信息”不确定性系统，它通过对已知“部分”信息的生成去开发了解、认识现实世界。着重研究“外延明确，内涵不明确”的对象。

火炮装备保障资源评估涉及多个方面，相对比较复杂，评估的专家也是有限的，其具备“部分信息明确，部分信息未知”的“小样本，贫信息”不确定性系统的特点，因此我们试验鉴定中有时也采用灰色理论估计方法来进行保障资源评估。下面介绍灰色关联度模型建立。

定义 1：设有 n 个聚类对象，m 个聚类指标，s 不同灰类，根据第 $i\,(i=1, 2, \cdots, n)$个对象关于 $j\,(j=1, 2, \cdots, m)$指标的观测值 $x_{ij}\,(i=1, 2, \cdots, n;\ j=1, 2, \cdots, m)$将第 i 个对象归入第 $k\,(k\in\{1, 2, \cdots, s\})$个灰类，称为灰色聚类。

定义 2：将 n 个对象关于指标 j 的取值相应地分为 s 灰类，我们称之为 j 指标子类。j 指标 k 子类的白化权函数记为 $f_j^k(\cdot)$。

定义 3：设 j 指标 k 子类的白化权函数 $f_j^k(\cdot)$ 为如图 7-1 所示的典型白化权函数，则称 $x_j^k(1)$，$x_j^k(2)$，$x_j^k(3)$，$x_j^k(4)$ 为 $f_j^k(\cdot)$ 的转折点。典型白化权函数记为 $f_j^k[x_j^k(1)$，$x_j^k(2)$，$x_j^k(3)$，$x_j^k(4)]$。

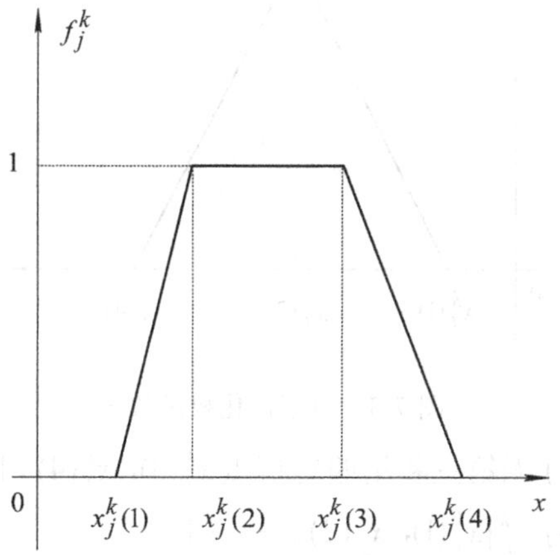

图 7-1　典型白化权函数 1

(1) 若白化权函数 $f_j^k(\cdot)$ 无第一和第二转折点 $x_j^k(1)$，$x_j^k(2)$，即如图 7-2 所示，则 $f_j^k(\cdot)$ 为下限测度白化权函数，记为 $f_j^k[-, -, x_j^k(3), x_j^k(4)]$；

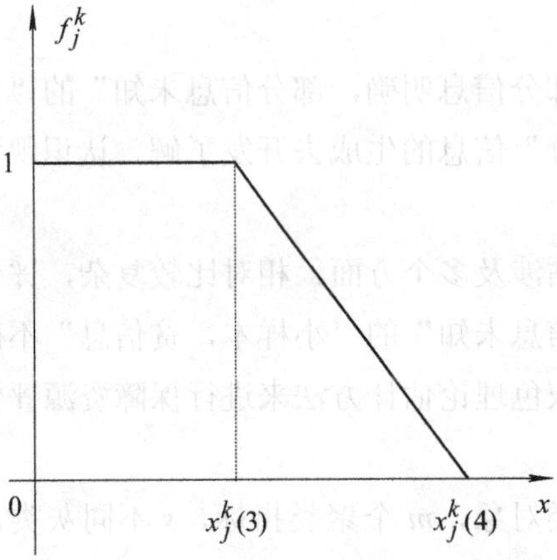

图 7-2　典型白化权函数 2

(2) 若白化权函数 $f_j^k(\cdot)$ 第二和第三转折点 $x_j^k(2)$，$x_j^k(3)$ 重合，即如图 7-3 所示，则 $f_j^k(\cdot)$ 为中测度白化权函数，记为 $f_j^k[x_j^k(1), x_j^k(2), -, x_j^k(4)]$；

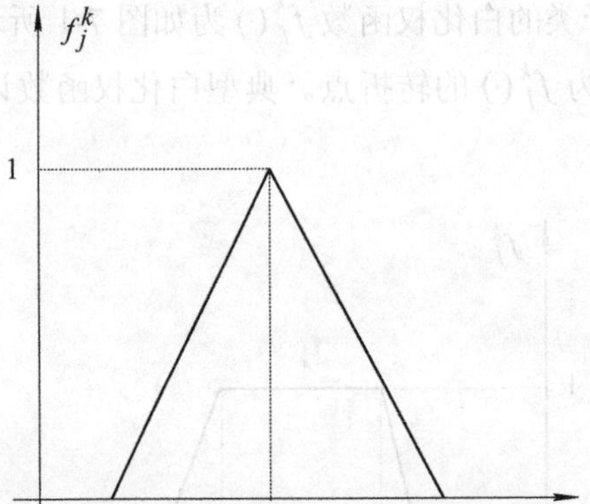

图 7-3　典型白化权函数 3

(3) 若白化权函数 $f_j^k(\cdot)$ 无第三和第四转折点 $x_j^k(3)$，$x_j^k(4)$，即如图 7-4 所示，则 $f_j^k(\cdot)$ 为上限测度白化权函数，记为 $f_j^k[x_j^k(1), x_j^k(2), -, -]$。

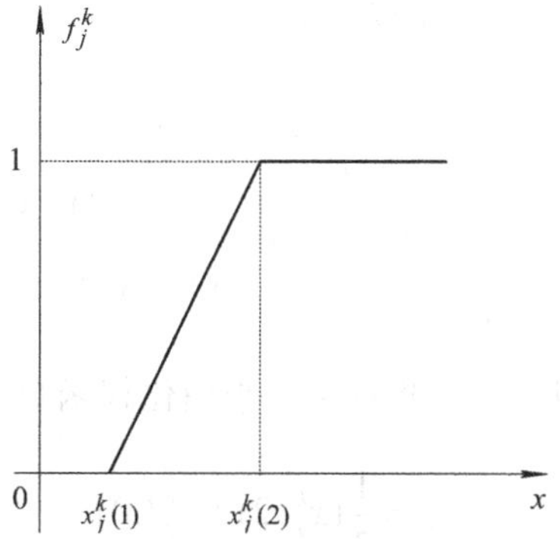

图 7-4　典型白化权函数 4

命题 1：(1) 对于图 7-1 所示的典型白化权函数，有

$$f_j^k(x)=\begin{cases}0 & x\notin[x_j^k(1),\ x_j^k(4)]\\ \dfrac{x-x_j^k(1)}{x_j^k(2)-x_j^k(1)} & x\in[x_j^k(1),\ x_j^k(2)]\\ 1 & x\in[x_j^k(2),\ x_j^k(3)]\\ \dfrac{x_j^k(4)-x}{x_j^k(4)-x_j^k(3)} & x\in[x_j^k(3),\ x_j^k(4)]\end{cases} \tag{7-14}$$

(2) 对于图 7-2 所示的下限测度白化权函数，有

$$f_j^k(x)=\begin{cases}0 & x\notin[0,\ x_j^k(4)]\\ 1 & x\in[0,\ x_j^k(3)]\\ \dfrac{x_j^k(4)-x}{x_j^k(4)-x_j^k(3)} & x\in[x_j^k(3),\ x_j^k(4)]\end{cases} \tag{7-15}$$

(3) 对于图 7-3 所示的中测度白化权函数，有

$$f_j^k(x)=\begin{cases}0 & x\notin[x_j^k(1),\ x_j^k(4)]\\ \dfrac{x-x_j^k(1)}{x_j^k(4)-x_j^k(2)} & x\in[x_j^k(1),\ x_j^k(2)]\\ \dfrac{x_j^k(4)-x}{x_j^k(4)-x_j^k(2)} & x\in[x_j^k(2),\ x_j^k(4)]\end{cases} \tag{7-16}$$

(4) 对于图 7-4 所示上限测度白化权函数，有

$$f_j^k(x)=\begin{cases}0 & x<x_j^k(1)\\ \dfrac{x-x_j^k(1)}{x_j^k(4)-x_j^k(2)} & x\in[x_j^k(1),\ x_j^k(2)]\\ 1 & x\geqslant x_j^k(2)\end{cases} \tag{7-17}$$

定义 4：(1) 对于图 7-1 所示的 j 指标 k 子类白化权函数，令

$$\lambda_j^k=\frac{1}{2}(x_j^k(2)+x_j^k(3)) \tag{7-18}$$

(2) 对于图 7-2 所示的 j 指标 k 子类白化权函数，令

$$\lambda_j^k=x_j^k(3) \tag{7-19}$$

(3) 对于图 7-3 和图 7-4 所示的 j 指标 k 子类白化权函数，令

$$\lambda_j^k=x_j^k(2) \tag{7-20}$$

则称 λ_j^k 为 j 指标 k 子类的临界值。

定义 5：设 λ_j^k 为 j 指标 k 子类的临界值，则有

$$\eta_j^k=\frac{\lambda_j^k}{\sum\limits_{j=1}^{n}\lambda_j^k} \tag{7-21}$$

为 j 指标 k 子类的权。

定义 6：设 x_{ij} 为对象 i 关于指标 j 的观测量，$f_j^k(x)$ 为 j 指标 k 子类的白化权函数，则有

$$\sigma_j^k=\sum_{j=1}^{m}f_j^k(x_{ij})\eta_j^k \tag{7-22}$$

为对象 i 属于灰类 k 的灰色变权聚类系数。

定义 7：(1) 称

$$\sigma_i=(\sigma_i^1,\ \sigma_i^2,\ \cdots,\ \sigma_i^s)=\left(\sum_{j=1}^{m}f_j^1(x_{ij})\eta_j^1,\ \sum_{j=1}^{m}f_j^2(x_{ij})\eta_j^2,\ \cdots,\ \sum_{j=1}^{m}f_j^s(x_{ij})\eta_j^s\right)\tag{7-23}$$

为对象 i 的聚类系数向量。

(2) 称

$$\boldsymbol{\sigma}=\begin{bmatrix}\sigma_1^1 & \sigma_1^2 & \cdots & \sigma_1^s\\ \sigma_2^1 & \sigma_2^2 & \cdots & \sigma_2^s\\ \vdots & \vdots & \vdots & \vdots\\ \sigma_n^1 & \sigma_n^2 & \cdots & \sigma_n^s\end{bmatrix}\tag{7-24}$$

为所有对象(i=1，2，…，n)的聚类系数矩阵。

7.5　其他试验方法

7.5.1　t 检验法

t 检验法是数理统计学假设检验中一种方法。具体做法是：根据问题的需要对所研究的总体作某种假设，选取合适的统计量，这个统计量的选取要使得在假设成立时其分布为已知；由实测的样本，计算出统计量的值，并根据预先给定的显著性水平进行检验，作出拒绝或接受假设的判断。火炮装备保障资源在定性评估中，由于涉及多个专家评估，为了消除主观因素评判可合理采用 t 检验。

假设有 n 个评估专家对保障资源进行评估，每个方面的评估要求有 $m_i(i=1, 2, \cdots, 8)$，则计算公式如下：

$$X_{ki}=\frac{\sum_{j=1}^{m_i} x_{ij} * w_{ij}}{\sum_{j=1}^{m_i} w_{ij}} \quad (i=1,2,\cdots,8;\ j=1,2,\cdots,8) \tag{7-25}$$

其中：X_{ki} 为第 k 个专家对第 m_i 个方面的评估分；x_{ki} 为其对 m_i 个方面某一项评估要求的评估分；w_{ij} 为该项评估要求的权重。

每个评估专家的综合评估分为

$$X_k=\frac{\sum_{i=1}^{8} x_{ij}}{8} \tag{7-26}$$

所有专家的平均评估分为

$$\bar{X}=\frac{\sum_{k=1}^{n} x_k}{n} \tag{7-27}$$

评分的标准偏差为

$$S=\sqrt{\frac{\sum_{i=1}^{n}(X_k-\bar{X})^2}{n-1}} \tag{7-28}$$

表 7-9 为不同情况下的统计计算公式。假设每位评估专家的评分相互独立且服从高斯分布，可表示为 $X \sim N(\mu, \sigma^2)$，但 σ 未知，则表 7-9 中 T 遵从自由度为 $n-1$ 的 t 分布。则根据多位专家的评估打分，在给定置信度 α 条件下的置信区间为

$$\left[\bar{X}-\frac{S}{\sqrt{n}}t_{\alpha/2}(n-1),\ \bar{X}+\frac{S}{\sqrt{n}}t_{\alpha/2}(n-1)\right] \tag{7-29}$$

置信度是指真值在置信区间出现的概率，置信区间是指以平均值为中心，真值出现的范围。置信度不变时，n 增加，置信区间变小；n 不变时，置信度增加，置信区间增加。表 7-10 为进行 t 检验时，不同测量次数(打分人数)和置信度下的 t 值。最后，评估结果可以用

柱状图、折线图等图形方式展现。

表 7-9　不同情况下的统计计算公式

被估参数	条件	统 计 量	置 信 区 间
μ	已知 σ^2	$Z=\dfrac{\bar{X}-\mu}{\sigma/\sqrt{n}}\sim N(0,1)$	$\left[\bar{X}-\dfrac{\sigma}{\sqrt{n}}z_{\alpha/2},\ \bar{X}+\dfrac{\sigma}{\sqrt{n}}z_{\alpha/2}\right]$
	未知 σ^2	$T=\dfrac{\bar{X}-\mu}{S/\sqrt{n}}\sim t(n-1)$	$\left[\bar{X}-\dfrac{S}{\sqrt{n}}t_{\alpha/2}(n-1),\ \bar{X}+\dfrac{S}{\sqrt{n}}t_{\alpha/2}(n-1)\right]$
σ^2	未知 μ	$\chi^2=\dfrac{(n-1)S^2}{\sigma^2}\sim\chi^2(n-1)$	$\left[\dfrac{(n-1)S^2}{\chi^2_{\alpha/2}(n-1)},\ \dfrac{(n-1)S^2}{\chi^2_{1-\alpha/2}(n-1)}\right]$
备注	$X\sim N(\mu,\sigma^2)$　$P\{u_{1-\alpha/2}\leqslant W\leqslant u_{\alpha/2}\}=1-\alpha$		

表 7-10　*t*　值　表

专家评估次数 n	置　信　度		
	90%	95%	99%
2	6.314	12.706	63.657
3	2.920	4.303	9.925
4	2.353	3.182	5.841
5	2.132	2.776	4.604
6	2.015	2.571	4.032
7	1.943	2.447	3.707
8	1.895	2.365	3.500
9	1.860	2.306	3.355
10	1.833	2.262	3.250
11	1.812	2.228	3.169
21	1.725	2.086	2.845
∞	1.645	1.960	2.576

7.5.2 非参数试验方法

1. 非参数核密度估计法的介绍

非参数分析是相对参数法分析提出的，当样本影响因素很多，特性复杂，包含多种分布影响因素时，很难用某种特定的分布来约束样本，这时就要利用非参数的方法来进行概率分析。火炮武器装备系统非常复杂，在使用可用度评估中，只采用 7.3 节中的方法往往不够，必须引入非参数试验方法，下面就这一方法进行介绍。

目前对非参数法的定义较普遍的一种提法是：如果在一个统计问题中，所假定的总体分布族的数学形式已知，而只包含有限个(通常为很少)未知的实参数，则这个统计问题是参数性的，否则，就是非参数性的。

利用非参数法评估的优点是：

(1) 适用面广。该模型具有广泛性，允许包含多种分布族，可以容纳更多的影响因素。

(2) 对样本的利用更充分。失去了分布规律的指导，模型更依赖于数据。从数据中发掘更多有用的信息。

(3) 稳健性。非参数统计对模型的限制小，天然的具备稳健性。

非参数统计方法有很多。随着估计的对象不同，可分为非参数核密度估计法、非参数区间估计法、非参数分布拟和法等等。其中，非参数核密度估计法非常适合对使用可用度 A_0 进行评估。利用此法，可以以试验数据为基础，拟合出 A_0 的平均密度函数。而后以密度函数为基础对 A_0 进行区间估计。

2. 非参数核密度估计法的原理

概率密度是统计学中最常见的刻画统计模型的工具。知道了分布密度函数，就可以对样本进行全面的概率分析。其定义如下：

设 x_i 是样本，n 是样本统计量，k 为给定的实函数，在模型中称其为核函数，$h_n>0$ 称为带宽，是一个同 n 有关的常数。

定义

$$f_n(x)=\frac{1}{nh_n}\sum_{i=1}^{n}k\left(\frac{x-X_i}{h_n}\right) \tag{7-30}$$

称 $f_n(x)$ 为总体未知密度 $f(x)$ 的一个核估计。其中：k 为核函数；h_n 为带宽。

下面介绍一下非参数核密度估计法的原理。

由概率的基本性质可知，随机变量 x 如果有概率密度 f，则 x 取值在区间$[a, b]$上的概率为

$$p(a \leqslant x \leqslant b)=\int_a^b f(x)\,\mathrm{d}x$$

若有试验的样本 $x_1, \cdots, x_n$，则 $p(a \leqslant x \leqslant b)$ 可用 m/n 估计(m 表示 X_i 在区间$[a, b]$中的个数)。

所以，$p(a \leqslant x \leqslant b)/(b-a)=\int_a^b f(x)\,\mathrm{d}x/(b-a)$ 可以用 $m/[n(b-a)]$ 估计。

当 $b-a$ 充分小的时候，$\int_a^b f(x)\,\mathrm{d}x/(b-a)$ 就是 $f(x)$。$m/[n(b-a)]$ 可以近似的代表 $f(x)$ 在区间$[a, b]$上的一个估计。

我们把 $b-a$ 就叫做带宽 h_n。当 h_n 为定值时，用估计值 $m/[n(b-a)]$ 作密度图，就得到了常见的直方估计图。这种估计样本概率密度的方法成为直方图法。

其实，直方图就是一种特殊的非参数核密度估计方法。当式(7-30)中核函数的表达式定义为

$$k(x)=I_{\left[-\frac{1}{2}, \frac{1}{2}\right]}(x)=\begin{cases}1, & \text{当} -\dfrac{1}{2} \leqslant x \leqslant \dfrac{1}{2} \\ 0, & \text{其他} x\end{cases} \tag{7-31}$$

时，式(7-30)就是直方图法的密度函数估计值。

从核函数 k 可以看出，直方图的特点是：在某一个 h_n 中，$f(x)$的估计值是由处于该 h_n 中的若干 x_i 的总和的平均值决定的，与该 h_n 之外的其他 x_i 没有关系。这一特性决定了直方图的统计在 h_n 区间边缘部分密度值的估计较差。

在实际情况中，不同 h_n 内的统计数据 x_i 之间并不一定是毫无关系的。核函数的作用就是说明各样本值之间相互依赖的关系。核函数 k 的形式不同，得到的核估计密度函数就不相同。在实际应用中，可根据不同特点的样本，选择不同的核函数。常见的核函数见表 7-11。

表 7-11 常见的核密度函数

均匀	$\frac{1}{2}I(\lvert u\rvert\leqslant 1)$
三角	$(1-\lvert u\rvert)I(\lvert u\rvert\leqslant 1)$
Epanechikov	$\frac{3}{4}(1-u^2)I(\lvert u\rvert\leqslant 1)$
四次	$\frac{15}{16}(1-u^2)I(\lvert u\rvert\leqslant 1)$
三权	$\frac{35}{32}(1-u^2)^3 I(\lvert u\rvert\leqslant 1)$
高斯	$\frac{1}{\sqrt{2\pi}}\exp\left(-\frac{1}{2}u^2\right)$
余弦	$\frac{\pi}{4}\cos\left(\frac{\pi}{2}u\right)I(\lvert u\rvert\leqslant 1)$

核函数的类型控制着用来估计 $f(x)$在点 x 的估计值时所用到的样本的个数和利用的程度。通常选择的核函数关于原点对称且积分为 1，所以它是密度函数。理论上，k 不一定非是密度函数。但是，当 k 为密度函数时，f_n 也是密度函数的形式，而且当 k 满足某些平滑条件时，f_n 也能继承这种平滑性。

在核密度估计中，带宽 h_n 的确定对估计的影响也非常明显。如果 h_n 过大，密度函数的曲线变化有可能被遗漏，导致估计的密度函数过于平滑，造成较大偏差；如果 h_n 过小，估计中的干扰就会过多。实际应用中，往往是通过观察法来确定 h_n 的取值的。通过变化 h_n 的取值，观察其密度模型的曲线与样本描点图的接近情况，一般情况下，要把 h_n 过大和过小的情况都表现出来，再根据这两个 h_n 逐渐向中间寻找最优的 h_n，让密度估计图更接近样本图，而且保持一定的平滑度。

当带宽 h_n、核函数 k 以及样本已知时，就可以对密度函数进行估计。概率密度是统计学中最常见的刻画统计模型的工具。知道了分布密度函数，就可以对样本进行全面的概率分析。

7.5.3 示例说明

以使用可用度 A_O 为例，使用可用度在 7.3.2 中已有定义和计算公式，这一方法适用于单个火炮装备或单项保障性参数试验，对于复杂火炮装备和多个保障性参数应采取非参数试验方法(7.5.2 已作了介绍)。下面具体阐述如何用该方法对使用可用度进行建模。

1. 统计对象

使用可用度 A_O。

2. 构造统计量

假设参加试验的火炮为 n 门。在试验周期 T 中，同时在基本相同的条件下进行试验。根据前面提到的数据记录方式，可以将逐日的试验数据记录下来。这种记录方式可以计算出小到一天，大到整个试验周期的任何一个时间段内的某门火炮的平均使用可用度 A_O。

为了构造平均 A_O 的统计量，将试验周期平均分为 m 段，则 i 门火炮 j 段的平均 A_O 就可以表示为：$\overline{A_{O\,ij}}(i\in n,\ j\in m)$；$N$ 门火炮 j 段的平均 A_O 就可以表示为：$\sum_{i=1}^{n}\overline{A_{O\,j}}(j\in m)$。

令 $\sum_{i=1}^{n}\overline{A_{O\,j}}(j\in m)=Ao_j$，则数组 $\{\overline{A_{O\,j}},\ j=1,\ m\}$ 就是该组参试火炮的平均 A_O 的一组随机值。当 m 的时间间隔较长时，可以近似地认为这组平均 A_O 随机值是在相同条件下重复 m 次得到的平均 A_O 的样本。由常理可知，m 越长，$\overline{A_{O\,j}}(j\in m)$ 就越趋于稳定，受小概率事件的影响就会越少，评估结果会更精确。对于火炮装备，最理想的 m 周期是一个大修期间隔的工作时间。这能够反映火炮装备使用的完整情况。然而，这样做需要大量经费支撑，且试验时间较长。因此，实际试验中要酌情取 m 值。当然，如果利用仿真技术产生虚拟试验是可以考虑将 m 取为一个大修期的。

3. 核密度函数的选择

前面已经提到过，核密度函数反映了样本数据之间的依赖关系。若选择均匀核密度函数，则说明不同 h_n 内的 x_i～$x_j(i,\ \cdots,\ j\in h_n)$之间没有影响关系。若选择高斯核密度函数，则说明相近的 h_n 之间的数据有较密切的联系，而相互距离较远的 h_n 之间的联系就小得多。

大量的工程实践表明，对复杂分布的统计量进行核密度函数估计时，核密度函数一般选择高斯函数。尤其对于大样本，更能反映大样本的正态性。所以，对于 A_O 来说，核密度函数 k 应选择高斯核密度函数。

4. 带宽的选择

h_n 的取值选择可以通过代入数值计算，比较效果得出的。一般通过使用数学软件(比如 MATLAB，MATHMATIC 等)辅助计算会大大提高效率。这里不做进一步介绍。一般的 h_n 取值在 0.01～0.5 之间。通常先选择较大和较小的 h_n，按照式(7-30)，将样本 k，h_n 代入，然后利用软件绘出 $f_n(x)$ 密度估计曲线。选择不同的 h_n 时，会产生不同的 $f_n(x)$ 密度估计曲线。选择出能保持函数平滑性，包含干扰因素较少的那条估计曲线，它对应的 h_n 就是最优 h_n。该曲线就是最终所得的 A_O 分布密度估计曲线。

5. 区间估计得出结论

根据已知的平均 A_O 的概率密度函数，以及给定的置信区间，根据概率论中对区间估计的定义，就可以计算出针对 A_O 统计样本的平均值的区间估计，以及作接收拒收判断。

已知：平均 A_O 概率函数 $f(\overline{A_O})$，置信度 a，A_O 的统计平均值 $\overline{A_O} = \dfrac{\overline{A_{O\,ij}} \times n \times m}{n \times m}$，$A_O$ 的最低可接受值、门限值为 $\underline{A_O}$，接收拒收置信度为 β。

设 A_O 在置信度为 a 情况下的置信区间为 $(\underline{X},\ \overline{X})$，应有

$$F(\overline{A_O}) - F(\underline{X}) = \frac{a}{2}$$

$$F(\overline{X}) - F(\overline{A_O}) = \frac{a}{2}$$

A_O 在风险度为 β 的情况下，求得 $\underline{Y}$，应有

$$F(\underline{Y}) = \beta$$

当 $\underline{Y} < \underline{A_O}$ 时，则认为试验火炮装备的 A_O 在风险度为 β 的情况下低于门限值。装备系统

需要重新设计优化。

当$\underline{Y} \geqslant \underline{A_O}$时，认为火炮装备系统的 Ao 不低于门限值，通过验证，可以接收。

6. 分布拟合检验

为了检验估计结果的准确程度，选用χ^2检验法，对总体的分布进行假设检验。x^2检验法的优点就是对估计对象没有分布种类上的要求。

χ^2检验法也有不合适的地方，它要求样本量大于 50。所以最好结合仿真试验使用。对于数据较少的使用可用度 Ao 的试验也可以使用，但是效果会差一些。

将 Ao 的取值范围(0～1)分为 k 个相等的区域[0～1/k, 1/k～2/k, 2/k～3/k, …, (k−1)/k～1]。统计所有A_{Oj}在各个区间内出现的次数$f_i(i \in 1,\ k)$。再根据$f(\overline{A_O})$的概率公式计算每次试验，$\overline{A_O}$可能出现在各区间的概率$p_i(i \in 1,\ k)$。n 是得到的A_{Oj}的观察样本值的个数。

根据χ^2分布的定义可知

$$\chi^2 = \sum_{i=1}^{k} \frac{(f_i - n \times p_i)^2}{n \times p_i} \tag{7-32}$$

其中，χ^2近似地服从自由度为$k-r-1$的χ^2分布。由于是非参数函数，所以 r 为零及自由度为$k-1$。

于是有以下判断成立：

假设H_0为总体$\overline{A_O}$的分布函数就是非参数估计出来的函数形式；H_1为总体$\overline{A_O}$的分布函数不是非参数估计出来的函数形式。若有

$$\chi^2 \geqslant \chi_a^2(k-r-1)$$

则在风险度 a 下，拒绝H_0，否则就接受H_0。

7.5.4 应用实例

以某型火炮装备的试验数据为基础，利用非参数方法，评估该型火炮的使用可用度A_O，进行区间估计，以决定接收或拒收。

1. 应用时机

工程研制阶段、试验定型阶段以及生产定型阶段，A_O 的样本值是非常少的。由 A_O 的定义可知，一门样炮的一个试验周期只能产生一个 A_O 的样本值，一般按照试验鉴定要求和国军标规定，参加试验的样炮一般不超过 10 门，这样 A_O 的样本值为 10。

2. 数据分析，构造统计量

由于样本量只有 10 个，只能对使用可用度 A_O 进行区间估计，可较粗略地反映装备使用可用度的水平。

评估对象是使用可用度 A_O，具体对应到本次试验的数据，依据使用可用度公式(7-5)，各种时间分配如下：

(1) 工作时间为火炮行驶时间加空载时间；

(2) 预防性维修时间为检查保养、定时维修、测试时间之和；

(3) 修复性维修时间为工作过程中的各种随机修理时间之和；

(4) 保障延误时间为各种保障火炮运行延误时间；

(5) 管理延误时间为各种管理时间。

由试验数据构造 A_O 的统计量，构造方法如下：

参加试验的火炮为 10 门。在试验周期 18 个月中，根据上面 A_O 的公式，可以计算出每门火炮在整个试验周期中的 $A_{Oi}(i=1, 2, \cdots, 10)$。根据这种构造方法得到随机变量：

$$A_O=(0.497，0.41，0.408，0.447，0.427，0.423，0.451，0.427，0.424，0.428)$$

3. 核密度函数的选择

依据 7.5.2 节的方法，核密度函数反映了样本数据之间的依赖关系。若选择均匀核密度函数，则说明不同 h_n 内的样本值之间没有影响关系。若选择高斯核密度函数，则说明相近的 h_n 之间的数据有较密切的联系，而相互距离较远的 h_n 之间的联系就小得多。

使用可用度 A_O 的影响因素很多，包括可靠性、维修性、保障资源和人为因素。各元素之间的影响权重相差不多，因此，判断它具备一定的正态特性。对于 A_O 来说，核密度函数 k 应选择高斯核密度函数，即

$$k=\frac{1}{\sqrt{2\pi}}\exp(-\frac{1}{2}u^2)$$

4. 带宽的选择

按照带宽选择的原则，已知 A_O 的取值范围是 0～1，所以取 $h_n=0.01$。

5. 求出密度函数和概率函数

已知：$n = 10$，$h_n = 0.01$，$k = \frac{1}{\sqrt{2\pi}}\exp\left(-\frac{1}{2}u^2\right)$，$X_i = A_{Oi}$。将已知条件代入式(7-30)，就得到了 A_O 的密度函数：

$$f(x) = \frac{1}{10\times 0.01}\sum_{i=1}^{10}\frac{1}{\sqrt{2\pi}}\exp\left[-\frac{1}{2}\times\left(\frac{x-x_i}{0.01}\right)^2\right] \tag{7-33}$$

利用 Matlab 软件辅助计算得到的密度函数为：

$f(A_O)$ = 10000/20331*exp(-1/2*(100/9*x-4441/900)^2) + 10000/20331*exp(-1/2*(100/9*x-604/225)^2) + 10000/20331*exp(-1/2*(100/9*x-3947/900)^2) + 10000/20331*exp(-1/2*(100/9*x-3271/900)^2) + 10000/20331*exp(-1/2*(100/9*x-5429/900)^2) + 10000/20331*exp(-1/2*(100/9*x-709/900)^2) + 10000/20331*exp(-1/2*(100/9*x-539/90)^2) + 10000/20331*exp(-1/2*(100/9*x-189/50)^2) + 10000/20331*exp(-1/2*(100/9*x-2011/300)^2)

图 7-5 表示了 A_O 的密度函数以及概率函数的分布情况。其中红色实线代表密度函数，蓝色虚线代表概率函数。由密度函数可以看出，其分布基本类似于正态分布族。

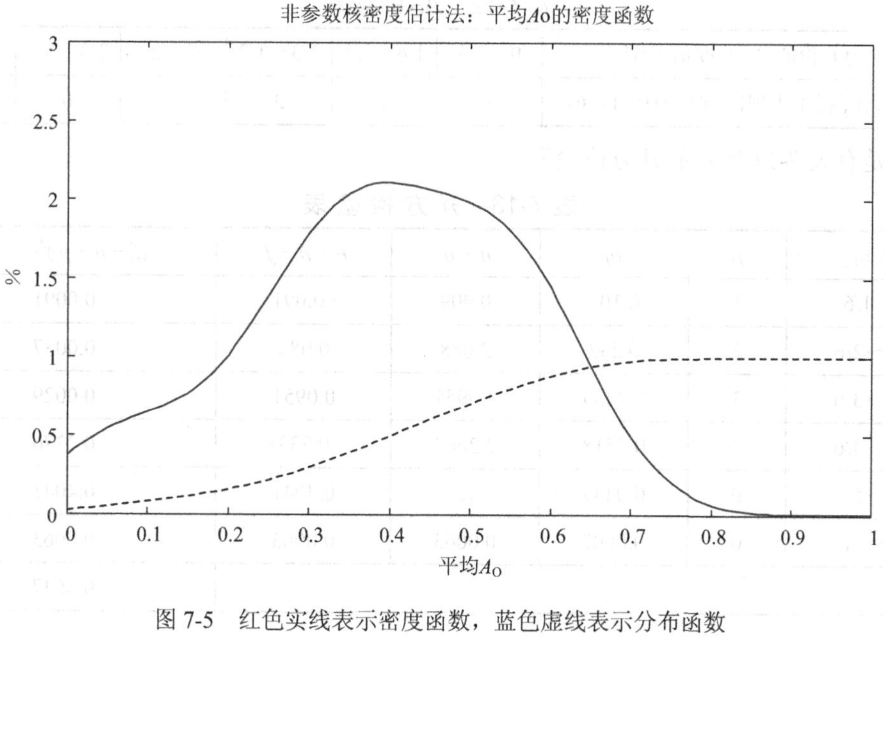

图 7-5　红色实线表示密度函数，蓝色虚线表示分布函数

6. 点估计和区间估计

由样本值可以得到平均使用可用度 $\overline{A_O}$ 的点估计为

$$\sum_{i=1}^{10} A_{Oi} = 0.4342$$

已知 A_O 的双侧置信度 $\alpha=0.7$，定购方风险度 $\beta=0.15$，假设订购方对 A_O 的门限值 X_a 为 0.3，可以计算出双侧和单侧的置信区间：

定购方风险度 $\beta=0.15$ 时，$\overline{A_O}$ 的实际门限值 X_b 即单侧置信下限为 0.3342。因为大于门限值，所以接受这批火炮装备。

双侧置信度 $\alpha=0.7$ 时，$\overline{A_O}$ 的双侧置信区间(X_l，X_u)为：(0.3342，0.5342)。

7. 分布拟合检验

为了检验估计结果的准确程度，利用 χ^2 检验法，对总体的分布进行假设检验。

将 A_O 的取值范围[0，1]划分为 6 个相等的区域[0～1/6，1/6～2/6，…，5/6～6]。已知 10 门火炮的 A_O 在试验周期内的统计值，共 10 个样本值。统计 A_O 的样本值在各个区间内出现的次数 $f_i(i=1, 2, \ldots, 6)$。再根据 $F(A_O)$的概率公式计算 A_O 出现在各区间的概率 $p_i(i\in 1, 6)$。根据试验数据填写表 7-12。

表 7-12 A_O 的频率

分为 6 份的 A_O 的取值范围	0～1/6	1/6～1/3	1/3～1/2	1/2～2/3	2/3～5/6	5/6～1
各区间 $\overline{A_O}$ 样本出现的频数 $f_i(i\in 1，6)$	1	2	3	3	0	0

于是有表 7-13 所示的开方检验表。

表 7-13 开 方 检 验 表

区间	f_i	p_i	$n\times p_i$	$n\times p_i - f_i$	$(f_i - n\times p_i)^2/n\times p_i$
0～1/6	1	0.101	0.909	−0.091	0.0091
1/6～2/6	2	0.232	2.088	0.088	0.0037
2/6～3/6	3	0.3439	3.0951	0.0951	0.0029
3/6～4/6	3	0.2518	2.2662	−0.7338	0.2376
4/6～5/6	0	0.0449	0.4041	0.4041	0.4041
5/6～1	0	0.0007	0.0063	0.0063	0.0063
$\chi^2=$					0.6637

假设

H_0 为总体 A_O 的分布函数就是非参数估计出来的函数形式；H_1 为总体 A_O 的分布函数不是非参数估计出来的函数形式。

已知显著水平(风险度)$\beta=0.05$，$k=6$，$r=0$，由试验可知

$$\chi^2=0.6637$$

查表得

$$\chi^2_{0.05}(5)=11.071$$

因为

$$\chi^2<\chi^2_a(5)$$

所以在风险度 $\beta=0.05$ 下，接受 H_0 假设。

8. 评估结论

这批火炮装备的使用可用度各项指标如下：

使用可用度的 $\overline{A_O}$ 点估计是 0.4342；置信度为 0.7 时，A_O 的置信区间为(0.3342，0.5342)；门限值为 0.3，定购方风险度为 0.15 时，接收这批火炮装备。

第 8 章　保障性试验评估软件系统

第 5 章、第 6 章、第 7 章主要从保障性设计特性参数、保障资源参数、保障性综合参数等三个方面的试验与评估开展了分析和阐述，重点讲述了火炮装备保障性试验参数确定、试验方法选择、试验样本选取、注意事项、评估准则以及应用案例等。为了让读者更深入了解装备保障性试验，本章将重点介绍装备保障性试验评估软件系统设计，一是为装备管理人员提供一个可靠的、稳定的、全面的装备保障资源管理界面，便于管理人员对装备的各个参数进行实时地修改、更新、删除；二是为装备保障资源评估专家提供一个良好的环境对各种装备保障资源进行打分，并通过一定的评估算法对装备保障资源进行评估。

根据保障性试验评估需要以及试验人员职责分工，装备保障性试验评估软件系统采用分布式系统设计，将用户分为保障资源管理人员、保障资源评估专家两类。保障资源管理人员按照系统要求分类录入各个装备的不同保障资源的各种信息，可以对装备保障资源的相关信息进行增加、修改、更新和删除等维护操作。保障资源评估专家通过软件系统，对装备保障资源各个方面进行评价。

8.1　定量指标评估

通过大量的工程实践，人们发现装备保障性定量要求都具有统计规律性，服从特定的统计分布，比如正态分布、指数分布等等。因此，通常对保障性定量要求评估方法是：对于给定的保障性参数，常常先假设其服从某种分布规律，在这个前提下进行概率分析，按照概率论的理论计算被评估对象的点估计、区间估计，最后对分布假设进行检验。如果证明最初的假设是正确的，则点估计和区间估计都是可接受的。评估结果成为装备研究、试验、使用人员的决策依据。

目前，服从常见分布规律的随机变量评估方法的研究已经比较成熟，一些可信度高，较精确的评估方法已经运用到可靠性、维修性评估，比如 5.1 节可靠性试验，5.2 节维修性试验，7.3 节可用度试验。下面将对可靠性、维修性、可用度可能服从的分布进行阐述。

1. 可靠性方面

涉及的分布有：成败型分布、指数型分布、完全样本正态型、对数正态分布、威布尔分布、I 型极小值分布、I 型极大值分布、Gamma 分布。

2. 维修性方面

涉及的分布有：指数分布、正态分布、对数正态分布、威布尔分布、Gamma 分布。

3. 可用度方面

失效时间、维修时间均服从 Gamma 分布；失效时间服从指数分布；维修时间服从对数分布。具体的原理和评估方法这里就不再重复。相关方法前面几章专门进行了讲解，相关的参照标准为《可靠性维修性评审指南》、《装备可靠性鉴定与验收试验》、《维修性试验评定》《装备保障性试验与评估要求》等。

在火炮装备保障性试验的实际工作中，由于装备复杂性可能导致新提出的定量要求的分布类型并不明确。对于这类装备试验评估，应该先分析出其分布规律，再利用常规方法评估。为了解决参数的分布规律的确定问题，利用灰色关联度法(见 7.4.3 节)分析预测随机变量最接近何种常见分布规律，进而可以利用常规的评估方法对目标参数进行估计。

对于保障性参数比较复杂的装备，它们的分布受多种因素的影响，几乎与任何一种常见分布都不类似。这时，利用灰色关联度法也无法解决评估对象的分布类型问题，这时应采用其他方法来处理评估问题。目前，解决这类问题的常用方法是非参数法(见 7.5.2 节)，非参数法不要求明确评估对象的分布规律，直接从试验数据中取得信息、作出概率判断，它的优点是不受分布规律的限制，应用范围广。

需要强调的是，不是所有的保障性参数都需要用概率的方法评估。有一些定量要求的评估只需要求出点估计或平均值即可说明问题。比如受油速率、备件满足率、资料利用率、战斗准备时间等评估。还有一些保障性要求具有概率特性，但是由于客观原因，无法得到充足的试验数据，只能进行点估计，比如使用可用度的评估。

综上所述，将定量要求的评估方法确定思路总结如下图 8-1 所示。通过本图可以为大多数的保障性定量要求找到适合的评估方法。

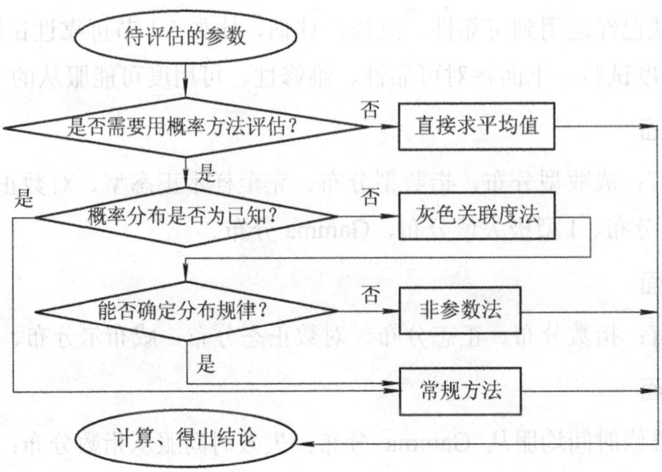

图 8-1 评估方法确定思路

8.2 定性指标评估

对于定性要求，主要以调查分析的方式进行评估。在试验结束后，按照评估准则搜集试验信息对比分析，进而得出结论。常见的分析方法有以下几种。

1. 定性的问题量化

将一项工作的难易、方便与否转化为完成时间的快慢、需要人数的多少等等。比如将“更换紧塞具费力吗？”转化为“更换紧塞具需要几个人？”，或者转化为“更换紧塞具需要多长时间？”。

统计完成任务、达到目的的比例。比如“按照技术资料指导顺利完成修理某部件的人数占参试人数的百分比”。

专家打分法、加权打分法，适合多种复杂方案比较的情况。先建立一套评估基准和打分准则，由经验丰富人员按照准则逐项打分，比较各个评估对象的分数高低。

2. 对照评估准则逐项直接审查

比如：技术资料看得懂吗？

除了定量、定性要求之外，还有可能需要评估系统对象，比如保障系统整体的优劣。

这种对系统整体水平的评估就不是简单的数字和判断能够概括的，需要综合考虑各方面的因素，均衡分析，得出评估。对于不同的方案之间的比较可以利用专家打分法和层次分析法。

3. 以保障资源的评估为例来说明定性评估的主要方法

保障资源的评估的重点不在于设计数学算法，而在于保障资源约束条件的提出。保障资源的约束条件就是其评估的准则。一套好的约束条件可以较全面的体现使用者对于保障资源的期望。如果评估结果表明保障资源符合这套约束条件，则表明保障资源能较好地符合使用人员的要求。通过归纳保障资源的各类约束条件，大致可以抽象出四种主要的评估类型。

4. 是与否、好与坏、能与不能的评估类型

这类评估的目的是判断某项要素是否能达到约束条件的规定。比如：

(1) 技术资料的约束要求之一是，当有要求时，是否按规定交付了数字化资料；

(2) 包装、装卸、储存和运输要求之一是，装备能否在现有的运输载体上运输。

对此类要求的评估就非常简单。试验或演示的结果只有两种，是或者不是、能或者不能。评估人员从试验演示结果可以直接得出评估结论。

5. 数量的评估类型

这类评估主要通过简单的数字统计评估保障资源优劣。比如：

(1) 保障设备种类数；

(2) 维修工具、专用工具的种类；

(3) 维修人员数量；

(4) 故障检测仪器平均发现故障时间。

这类评估也较为简单，只需直接从试验或演示数据中归纳出评估对象的统计值即可。不同方案之间可以直接比较，判断优劣。

6. 水平、程度的评估类型

这类评估的目的是判断某项要素与约束条件的吻合程度。评估的结论可以是定性的描述，比如：非常好、好、一般、差、存在严重问题。也可以将定性的问题量化，更方便形成结论。

7. 综合评估类型

这类评估是针对复杂的、系统级的保障资源要求。由于要求过于笼统，不能简单地用一两个数字或者判断说明问题。这类问题的评估实际上是对总的问题的若干个子问题的评估结论的罗列，分析，综合归纳。比如：保障方案与装备设计方案及使用方案是否协调，这个约束条件的评估就需要对保障方案、装备设计方案、使用方案进行综合试验、演示，对试验结果综合分析，最后的评估将建立在这些综合分析的结论之上。这类问题的评估方法需要多种方法的综合运用。其中重点使用专家打分法、层次分析法。

8.3 软件系统设计

8.3.1 设计思想

火炮装备保障性试验需要组织和协调多学科、多领域专家在装备保障评价中的作用，针对某一给定装备进行装备保障性试验，在保障资源评估和保障效能评估中得到更为科学的评价结论。鉴于此，其设计思想是：以保障性试验方法为依据，根据典型火炮装备的特点，开发一个适用于试验鉴定承试单位及使用部队对装备保障资源进行科学管理，对保障资源使用进行科学评价，具有信息查询、模型分析、定性分析与定量计算相结合、可视化表示以及决策支持等功能，能提供全过程、多层次的信息服务的评估系统，为装备保障试验提供技术支撑。

保障性试验软件系统能够在评估过程中为评估参与者提供支持，以管理者和评估人员组成试验队伍，由评估专家对装备保障性试验给出结论或者提出意见和改进建议。

8.3.2 设计原则

1. 软件系统要满足多层次装备保障性试验评估的需要

装备保障试验评估首先从保障资源定性分析开始，然后进行定量判断分析，即管理和评估人员在比较抽象的定性层次上进行交互，逐层递推，最终评出满足保障任务需求的装备保障性试验结果。

2. 软件系统要满足评估专家的使用需求

在装备保障性试验评估过程中，将不同学科、不同领域专家集结起来，充分发挥他们的经验知识及个人智慧，利用系统中提供的保障资源信息，从不同层次、不同方面和不同角度来对火炮装备保障性进行试验评估，形成最终的评估结论。

3. 软件系统要满足评估服务的集成需求

服务是软件系统有效运行的各种支持活动，包括数据服务、仿真服务、知识服务、Web服务、专家交互服务等，因此，软件系统的设计必须将这些服务功能集成起来，使各项服务的功能实现最大化。

4. 软件系统要满足信息资源的集成需求

信息资源是进行装备保障性试验评估的基础，信息资源涉及范围广，数量大，而装备保障性试验评估的信息资源要求做到真实、有效、分类完善、提取方便且便于溯源。

8.4　软件系统结构框架

根据典型火炮装备保障性试验评估要求，软件系统分为三层，分别为评估支撑层、评估模型层和评估应用层。系统整体上包括仿真控制子系统、效能评估子系统、态势显示子系统、保障模型子系统、保障资源信息子系统、装备任务描述子系统及数据采集与交换子系统。其软件系统结构如图 8-2 所示。

实现装备保障效能评估需要保障基础数据和模型的支持，现有信息系统或业务系统中已经有装备保障效能评估所需的部分信息，所以为便于数据获取和利用，装备保障效能评估系统的开发应考虑数据采集与传输的功能，以有效地收集已有系统中的装备保障相关信息。同时原有系统的目标并不是装备保障效能评估，所以采集的信息不一定能完全满足和支持装备保障效能评估的需求，因此，需要开发装备保障资源信息管理子系统，包括保障人员、保障设备、保障设施以及技术资料等信息；需要开发装备任务描述、保障模型等子系统，以构建和维护装备保障实体模型、保障需求模型、保障实施模型以及试验组织程序、装备任务模型等。在此基础上，开发仿真控制、态势显示、保障效能评估等子系统，输出装备保障效能评估参数，实现典型火炮装备保障效能的评估与分析。

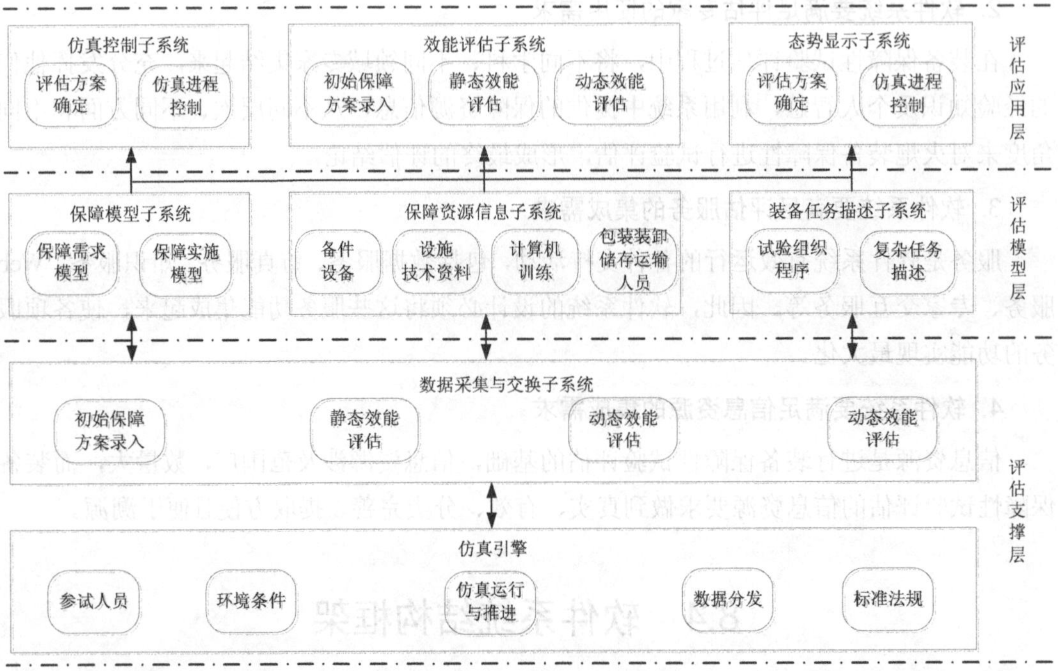

图 8-2　软件系统结构图

8.4.1　功能要求

保障性试验软件系统以评估专家为主体，以数据库、模型库、知识库、试验方法库和评估案例为支撑，实现火炮装备保障性试验。

1. 信息的收集、管理、显示和传输

软件系统针对试验装备的备件保障，保障设备，保障设施，技术资料，训练保障，计算机资源，包装、装卸、存储和运输，保障人员八个方面进行保障资源信息管理，并利用计算机把查询检索和分析结果反映出来，显示结果可以是屏幕显示、报表输出或图像输出等形式。

2. 资源数据的查询、检索和调用

软件系统针对试验装备的备件保障，保障设备，保障设施，技术资料，训练保障，计算机资源，包装、装卸、存储和运输，保障人员八个方面进行保障资源的定性评价，实现对评估模型、定性分析工具、装备基础数据等资源的调用。基础数据涉及以下几个方面：

(1) 专家库管理。支持对专家基本信息的管理，如姓名、职务、年龄、单位、专业特长等；支持对专家在评估中的角色管理，包括设置专家在评估中的分组、角色(组长/组员)、意见权重等。

(2) 保障方案库管理。对需要进行评估的装备保障方案，进行形式化表示，并入库存储，用于专家在评估过程中进行查询分析。

(3) 书籍资料信息查询。把装备基本信息、装备使用、装备保障相关的书籍、文章、数据等入库，作为基础信息提供查询、浏览功能。

3. 系统运行稳定、数据安全可靠

增加权限控制。根据不同用户角色，设置相应权限，用户的重要操作都做相应的日志记录以备查看，没有权限的用户禁止使用系统。主要分为系统管理人员与评估专家两种用户角色。重要数据加密，软件对一些重要的数据按一定的算法进行加密，如用户口令、重要参数等。数据备份，允许用户进行数据的备份和恢复，以防止数据的破坏和丢失。

4. 软件具有良好的人机接口和可扩展性

客户端响应快捷，速度能达到业务的基本要求。具体功能如下：

(1) 新建试验装备或对已有装备保障资源进行信息管理。

(2) 对试验装备的备件情况进行管理，包括录入、修改、删除等工作。

设置备件的条目，如：备件名称，型号/规格，数量，配备的级别、安装部位、部件装箱号、备件日期，库存地址，是否通用产品，是否与标准设备兼容等。

(3) 对试验装备的设备情况进行管理，包括录入、修改、删除等工作。

设置设备的条目，如：名称，设备名称，型号/规格，数量，到货日期，库存地址，主要功能性能，是否通用设备等。

(4) 对试验装备的设施情况进行管理，包括录入、修改、删除等工作。

设置设施的条目，如：设施名称，类型，数量，设施地址，主要作用等。

(5) 对试验装备的技术资料进行管理，包括录入、修改、删除等工作。

设置技术资料的条目，如：技术资料名称，类型，数量，版本，提交日期，提交单位等。

(6) 对试验装备的训练进行管理，包括录入、修改、删除等工作。

设置训练的条目，如：培训名称，课时，地点，内容，日期，培训单位，受训人数等。

(7) 对试验装备的计算机资源进行管理，包括录入、修改、删除等工作。

设置计算机资源的条目，如：计算机名称，型号/规格，数量，主要功能性能等。

(8) 对试验装备的包装运输进行管理，包括录入、修改、删除等工作。

设置包装运输的条目，如：满足的运输方式(公路，铁路，空中，海上)，包装要求，装卸要求，贮存要求等。

(9) 对试验装备的保障人员进行管理，包括录入、修改、删除等工作。

设置保障人员的条目，如：保障人员学历要求，技能要求，人数等。

8.4.2 工作原理

软件工作原理如图 8-3 所示。

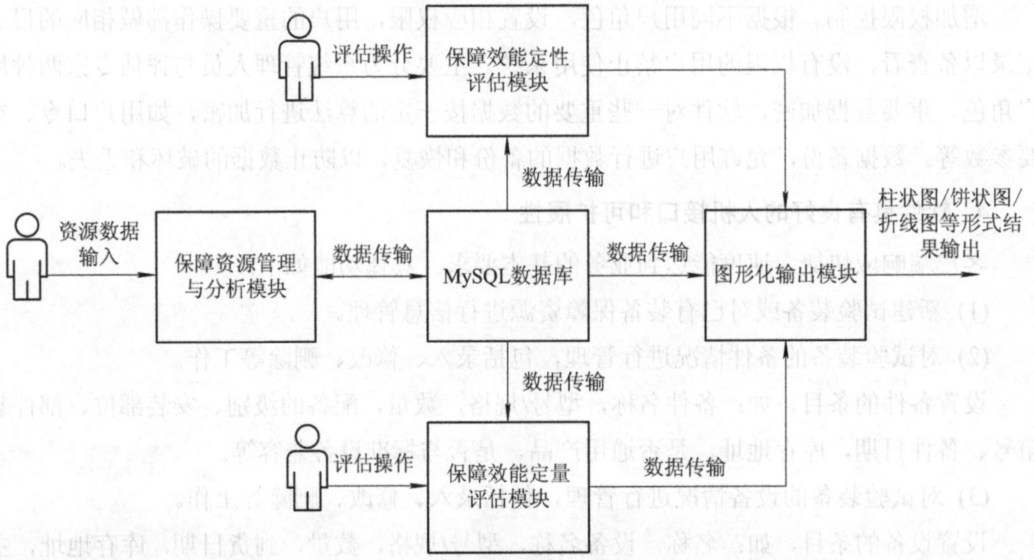

图 8-3 软件系统工作原理图

8.4.3 数据库设计

要设计一个良好的有数据支持的系统，数据库是十分关键的要素。应根据装备资源管理评估和装备保障效能管理评估系统功能，设计出合理的数据库系统。通常情况下，应用管理系统的数据库系统设计主要有五个基本步骤。

(1) 设计宏行为：了解此数据库是用来存储哪些数据。

(2) 确定实体(Entity)：根据系统分析的宏行为确定实体对象。

(3) 确定关系(Relationship)：根据对宏行为的分析，确定表与表之间到底是何种关系。

(4) 细化行为：对表的一些增、删、改、查的行为。

(5) 确定业务规则：弄清系统业务规则，例如一个部门只允许有一个教务秘书，一个学院的管理员只有一个。

8.5　软件详细设计

8.5.1　登录注册模块

装备保障效能管理评估系统是针对装备保障效能的管理人员和评估专家开发的，因此，本体系有两种用户角色可以使用。进入本系统时，需要对登录者进行身份验证，用户使用自己的账号进行登录。评估专家和管理人员登录系统后所能进行的操作功能有区别，界面也各不相同。如图 8-4 所示。

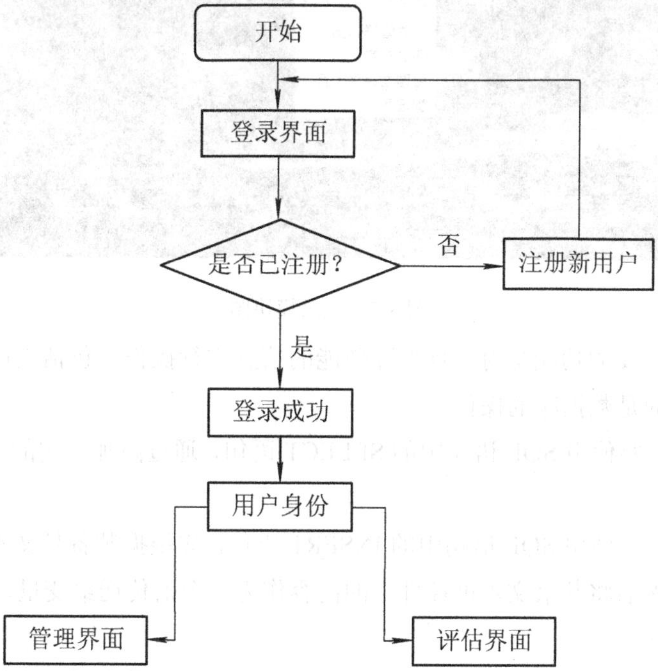

图 8-4　登录注册模块图

8.5.2 保障效能管理模块

装备保障效能管理人员登录后，可以直接对八项保障效能的信息进行管理。如图 8-5 所示。

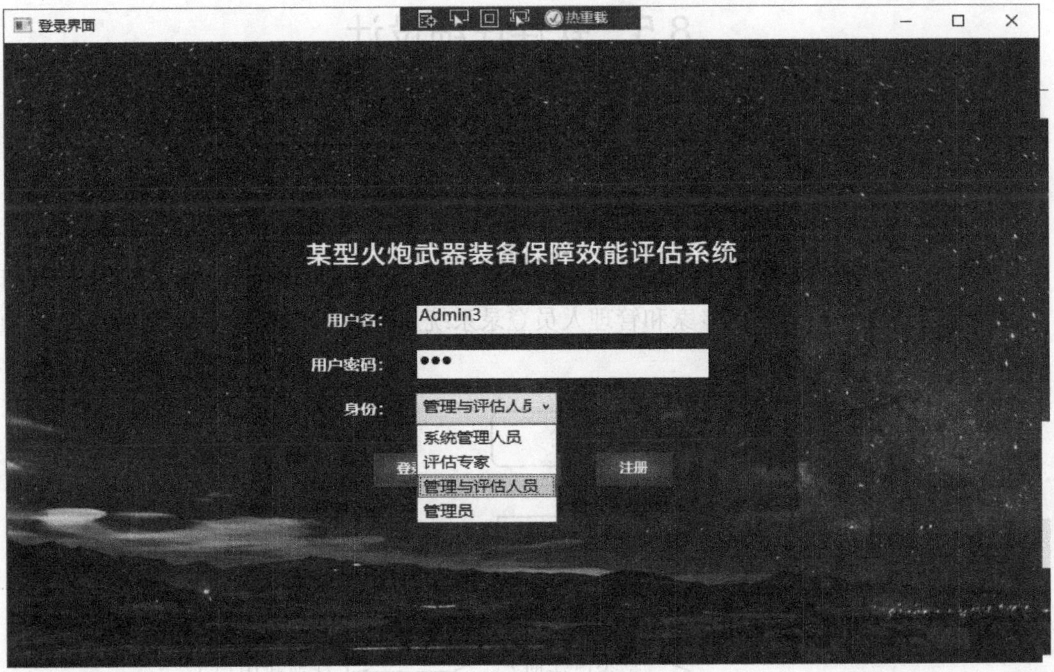

图 8-5 登录模块图

本模块主要涉及的功能是对八项保障效能的信息进行操作，包括查询，增加，修改，删除，主要涉及的是数据库的操作。

查询功能，主要使用 SQL 语句中的 SELECT 语句，通过附加一定的条件，查询出符合关键词的结果。

增加功能，主要使用 SQL 语句中的 INSERT 语句，先根据装备号文本框中的值在数据库中新建一行，然后将其余文本框控件中的内容作为一个值传送给变量，使用 INSERT 语句将其插入数据库。

修改功能，主要使用 SQL 语句中的 UPDATE 语句，将装备号文本框控件中的值作为 UPDATE 语句的改变对象，然后将其余文本框控件中的内容作为一个值传送给变量，然后使用 UPDATE 语句将其更新到数据库。

删除功能，主要使用 SQL 语句中的 DELETE 语句，直接将装备号文本框内对应装备号的数据删除即可。

8.5.3 保障效能管理界面

保障效能管理模块有很多的显示，包括对备件，设备，设施，技术资料，计算机效能，保障人员，包装运输，训练的管理，同时还包括了用户管理，可以看到各个用户的基本信息，密码不可见，如图 8-6 所示。

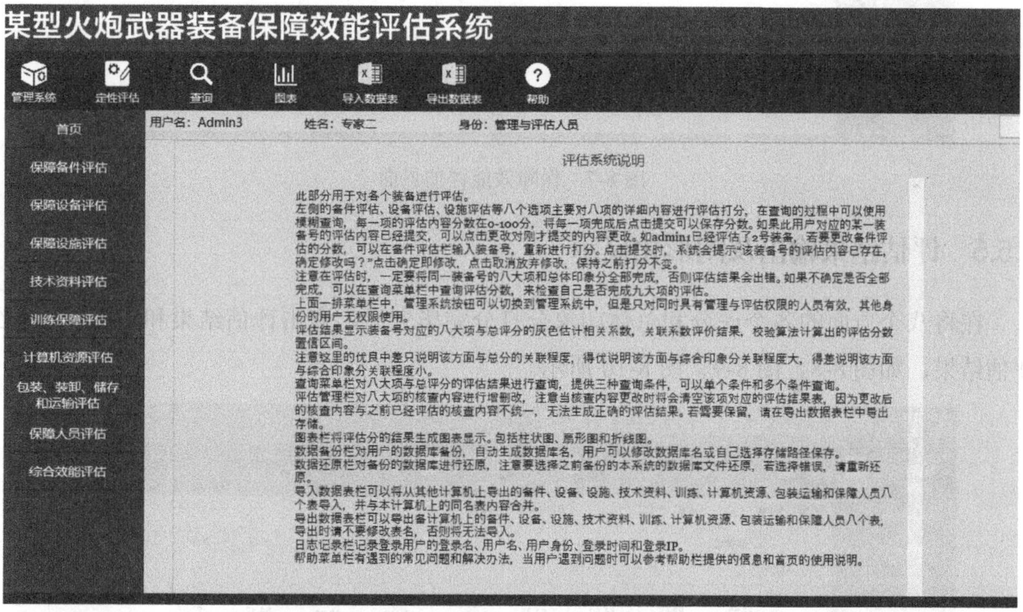

图 8-6　保障效能管理首页模块图

8.5.4 保障效能评估界面设计

保障效能评估分为定性评估与定量评估，这里展示定性评估模块，保障效能定性评估界面包括备件评估，设备评估，设施评估，技术资料评估，训练评估，计算机效能评估，包装运输评估，保障人员评估，评估结果显示，导入数据表，导出数据表。如图 8-7 所示。

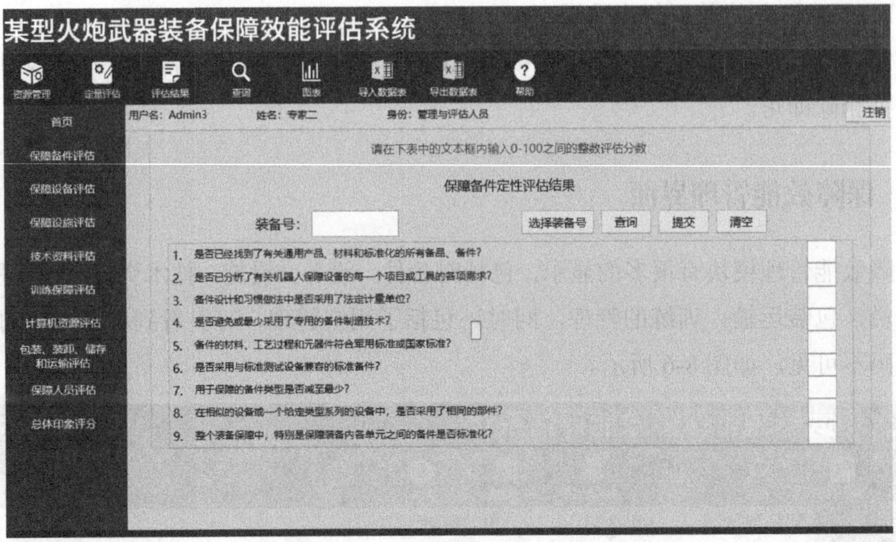

图 8-7　保障效能评估界面

8.5.5　评估结果输出及图形化显示

在将八个方面的各个评分和总体印象分打分完毕之后，点击评估结果和图表即可看到评估结果，如图 8-8、图 8-9、图 8-10 所示。

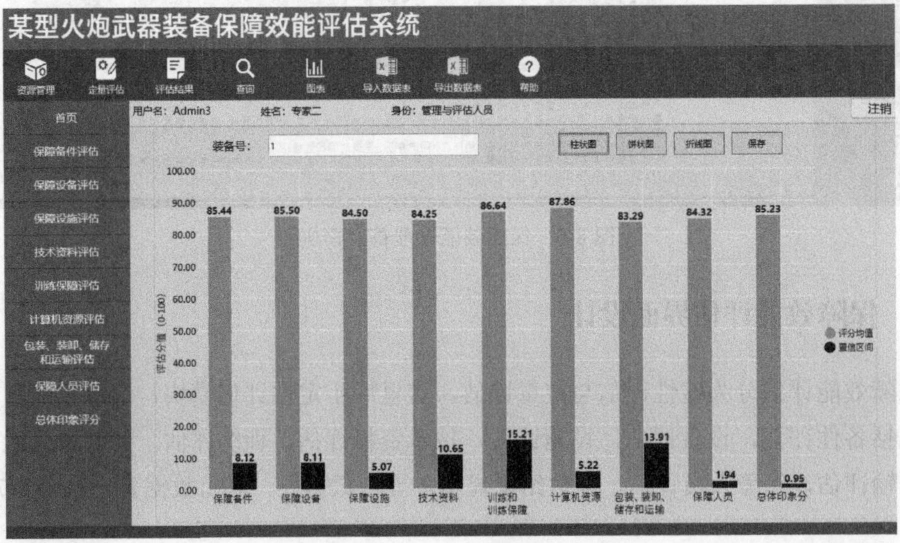

图 8-8　评估结果柱状图展示

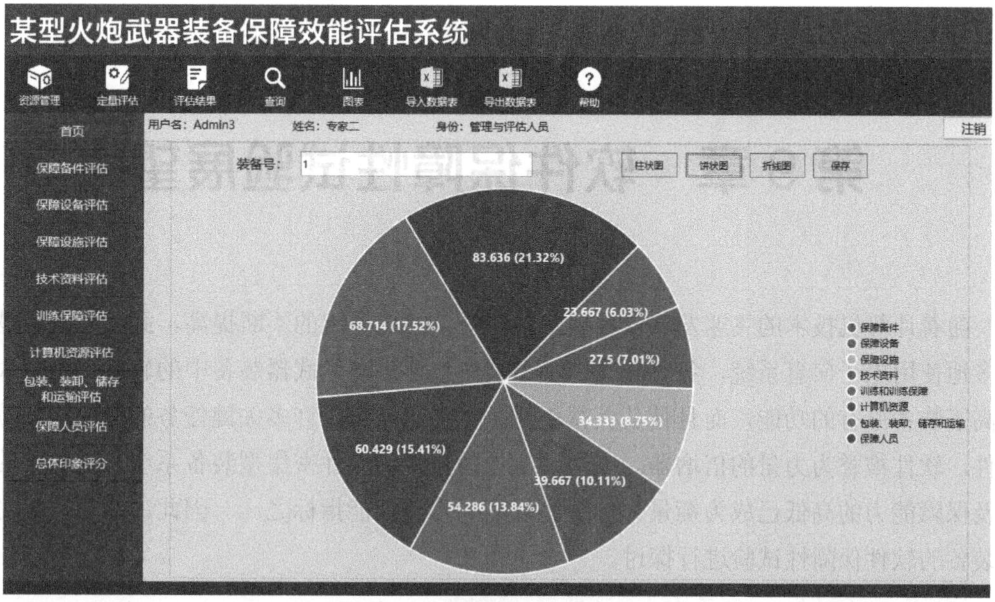

图 8-9　评估结果饼状图展示

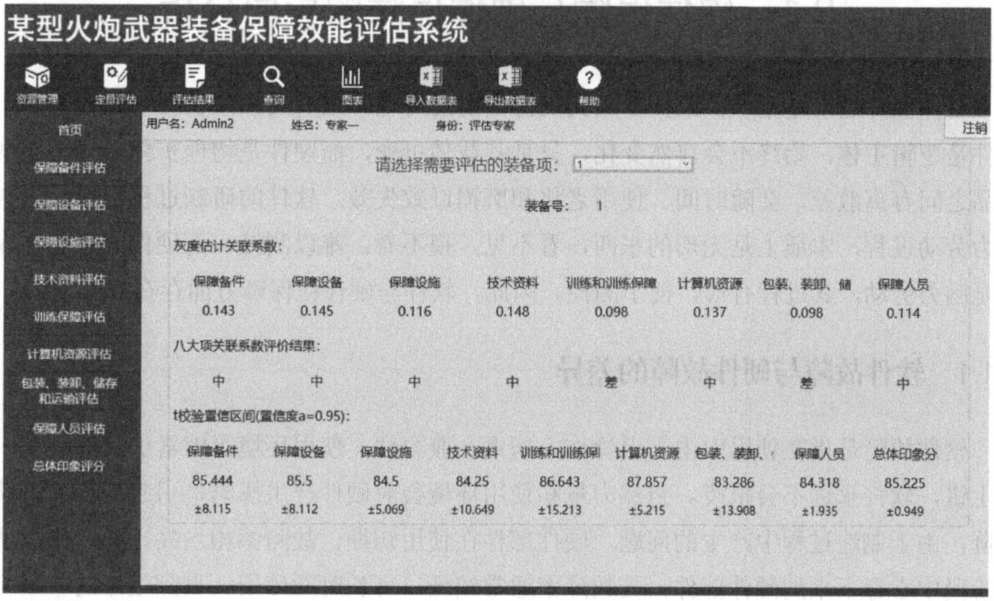

图 8-10　评估结果数据显示

第 9 章　软件保障性试验展望

随着计算机技术的飞速发展以及现代战争对信息化要求的不断提高，武器装备将越来越多地使用电子信息系统，各种软件密集型装备接连出现。武器装备中的软件不仅极大地提高了装备原有的功能，而且使其获得更新、更强的能力，许多关键任务的完成均依赖于软件，软件被誉为力量的倍增器。火炮装备作为典型的软件密集型装备系统，其软件的质量及保障能力的高低已成为衡量火炮装备好坏的重要性能指标之一。因此，本章专门对火炮装备的软件保障性试验进行探讨。

9.1　软件保障与硬件保障的异同分析

软件保障通常是指软件维护升级到支持当前的环境。众所周知，软件与硬件不同，如软件是逻辑主体，始终不会自然变化，只是其载体可变，而硬件是物理实体，每件同规格产品之间有离散差，会随时间、使用老化和磨损以致失效。软件的研制过程主要是紧张的脑力劳动过程，本质上是无形的东西，看不见，摸不着，难以测控，而硬件的研制过程不只是脑力劳动，其过程有形，便于测控。因此，软件与硬件在保障方面存在许多差异。

9.1.1　软件故障与硬件故障的差异

软件故障是指在使用中由于误操作、病毒、兼容性、使用环境等因素引起的异常。理论上讲，软件永远不会报废。自然力量和使用环境会对硬件产生影响，引起物理系统性能下降，由于制造过程中产生的问题，硬件部件在使用初期，故障率相当高。那些从早期失效阶段中幸存下来的硬件部件，其故障率通常较低，可长时间使用，直到生命的末期，故障率又开始升高。故障率的这种趋势被硬件工程师称为“浴盆曲线”。

虽然软件没有传统意义上的报废，但软件会失效。软件故障率曲线和硬件故障率曲线有相似和不同之处，如同硬件一样，新软件通常有一个相当高的故障率，直到错误被排除，故障减少到一个很低的水平。理论上讲，软件应无限期地保持这个水平，因为它不具备有形部件，物理环境力量无法影响之。然而，当软件投入使用后，它要不断进行更改修正潜在缺陷、适应不断变化的用户要求和提供性能。这些更改使得软件故障率曲线稳定上升，因此，软件因维护而失效，而硬件的失效却是因缺少维护。当在硬件中发现由于部件故障引起的问题时，解决方法是将硬件产品恢复到其最初技术状态。而就软件来说，当发现并纠正一个问题，就会产生一个新配置。因此，软件维护必定涉及对产品技术状态的连续更改。由于不断地更改，软件维护者常不经意地引入“负效应”，导致故障率上升。

9.1.2　软件保障与硬件保障的差异

软件的故障模式与修理方式不同于硬件。首先，软件不磨损，当装备在工作时，软件代码中引起故障的缺陷就已经存在了；其次，故障发生不取决于运行时间，而是取决于激发软件程序发生故障的一组特定的输入；再次，修复能够永久排除软件中的故障。因此，如果修改后不再引入新的故障，理论上说，软件的可靠性应随着时间而提高。

软件故障的修理也不同于硬件的修理。重新启动可以暂时将装备恢复到故障前的状态；但缺陷依然留在代码中没有得到修改。实际清除代码中的缺陷并不是一个简单的“拆卸与更换”活动，代码应通过一个类似于软件初始研制的过程，即需求分析、设计、编码、测试和发布。软件“维护”的另一个特性是，代码的修改大多不是修改故障，而较多是考虑完善和增强。

9.2　对软件保障和软件保障性的理解

软件与硬件既存在着许多的相似之处，作为一种产品，都存在着可靠性、维修性、保障性等问题，同时软件与硬件相比又有许多特殊之处。因此，对软件保障、软件保障性的定义需作具体的分析。

9.2.1　基本定义

英国国防标准 00-60《综合后勤保障》中对软件保障(Software Support)的定义为：“与保障软件的运行和在软件使用寿命周期内持续地保持软件满足所需的系统性能和功能有关

的所有活动的总和。”软件保障包括部署前保障和部署后软件保障(PDSS)。其中部署后软件保障是软件保障的重点，软件维护是软件保障的主要内容。

美国汽车工程师协会(SAE)软件标准给出的软件保障的定义为：“为保证使用的软件系统或部件满足它的初始要求和对这些要求的后续改进所必需的一系列活动。包括在软件的整个使用寿命期中提供保障的全部过程、资源和基础设施。”

英国国防标准 00-60 给出的软件保障性(Software Support Ability)定义为：“软件设计、开发的特性，以可承受的费用提供维护和/或改进软件，以满足用户功能和使用的需求。”

美国汽车工程师协会(SAE)软件标准给出的软件保障性的定义为：“为使软件保障活动能够完成的一组软件设计属性、有关的开发工具和方法以及保障环境的基础设施”。

通过对上述软件保障定义的分析，可看出不同组织给出的定义有较大的区别。给出的软件保障的定义比较注重部署后的软件保障，可能是由于软件投入现场使用后常常需要增强软件的功能，或是因为适应环境的改变而更改软件，需要对软件进行再设计，这种情况的工作量占了软件保障工作的绝大部分，但缺乏从软件系统和寿命周期的角度，定义软件可保障和好保障的设计特性和资源特性，以确保软件能够满足用户的功能要求和使用要求。

在软件的设计阶段就决定了软件是否好保障的特性，设计阶段是否考虑软件保障性，保障性设计的好坏，直接影响软件在使用中保障活动是否可实现和实现难易程度，且在实施软件保障过程中，相应的保障资源是实现保障的工具和支撑。软件设计阶段决定了软件开发方法及其互用性、成熟性、容错性、易使用性、易理解性、易分析性、易修改性、测试性，决定了软件保障资源的种类和数量。因此，为了实现软件好保障，还要在设计的同时考虑软件保障资源问题。

所谓软件保障，是为保证使用的软件系统或部件满足其初始要求和对这些要求进行后续改进所必需的一系列活动。与硬件相似，它是比软件维护更广泛的概念，软件保障还包含训练、供应等因素。

软件保障性是软件产品的设计特性和计划的保障资源满足用户功能和使用需求(便于使用、维护、改进和升级)的能力。软件保障性是一种在软件设计阶段决定的，以较易获得的和较少的保障资源实现软件保障的能力。

9.2.2 软件保障性的内涵

对软件保障性的几点理解：

(1) 软件保障性是在规定的保障环境，在限定的进度和费用的约束下，规定的保障人员能够实施软件保障活动程度的一种量度。

(2) 对于许多装备来说软件保障性是其使用适应性的重要方面。软件在初次交付用户使用后几乎总是要修改，以便修正错误，提高装备性能，使软件能够兼容其他的系统更改。而修改软件所必须付出的工作量则受软件的开发过程、产品特性及其保障环境的影响，通常是影响装备全寿命周期费用和对改变任务要求作出响应的一个决定性因素。因此，若一个软件系统不能在一个合理的费用条件下连续改进以满足用户的需求，则它就不具有适应性。

(3) 软件保障性是在装备保障性的框架内分析和设计的。

(4) 软件与硬件的保障性有许多相似之处。例如都是在设计过程中基本已决定了软件保障性的优劣。软件保障性不是一蹴而就的，需要反复地、系统地进行研究。要在整个软件寿命周期内，从方案阶段到研制、交付和使用的各个阶段考虑软件保障性。在寿命周期中尽早考虑保障性问题以保证将软件保障性设计到产品中，避免代价高昂的产品重新设计事件的发生。

(5) 软件保障不同于软件开发。不同之处在于，开发者没有可操作的现有装备，而维护者必须能够阅读并理解现有代码，在现有框架内解决问题。相同之处在于，维护者与开发者必须完成相同的任务，如定义并分析用户需求，设计解决方案(在现有解决方案内)，将设计转换为代码，测试经修改的解决方案，以及更新文档以反映变化。

(6) 影响软件保障性的因素除了软件本身的特性外，还与相关的开发过程、软件的使用和保障环境有关。

9.3　软件保障性要求参数的类型划分

由于对软件保障性定义和理解的差异，目前对软件保障性要求的范围和分类还没有统一规范和共识，有些文献将软件保障性要求分为以下三类。

(1) 使用条件要求，主要包括软件运行剖面、软件使用环境、由软件实现的对任务成功起关键作用的功能、软件可用度和不能工作时造成的损失、与其他软件和系统的功能关系、软件使用寿命、在软件寿命期内预期的任务要求更改剖面、可能用户的技术等级与训练要求、其他保密和维护人员的安全考虑等。

(2) 与保障有关的设计特性要求，主要包括软件产品的特性要求、软件开发和保障过程的特殊要求、软件开发和保障的环境要求。

(3) 保障和维护等级要求，主要包括保障工作的数量、复杂性和优先权要求，故障影响时间、系统恢复时间要求，软件和数据的安装与卸载时间要求，用户更改申请的回复要求，保障设施的位置和保障能力要求，保障性和保障的约束要求等。

还有一些文献在软件要求规范中将各种要求分类为：功能性、使用性、可靠性、性能、保障性、设计约束、在线用户文档和帮助功能要求、购买成品模块、接口、许可证要求、版权法律要求、适用的标准要求等。

通过对上述文献的研究分析，结合我国的实际情况，软件保障性参数可分为软件保障性要求顶层参数、与软件设计特性有关的保障性要求参数和软件保障资源要求参数三类。

9.3.1 软件保障性要求顶层参数

1. 软件可用度

软件产品在任一随机时刻需要和开始执行任务时，处于可工作或可使用状态的程度，叫软件的可用性(Availability)。可用性的概率度量称为可用度，软件可用度的计算公式与硬件类似。

2. 软件成熟度

软件成熟度是度量软件开发满足使用要求的进展程度，以要求进行软件更改的问题的数量和严酷度来衡量进展程度，软件问题是指那些需要更改软件才能纠正系统设计中的差错并改进或修改系统功能的问题。在为解决问题而进行软件更改时，要算出着手解决和已经解决的所有问题的权值之和，进行统计并画出随时间变化的曲线图，从中看出软件总体成熟度的指标。这些指标包括：

(1) 累计的软件加权失效随时间的变化趋势；

(2) 发现的软件加权失效与已经解决的软件加权失效之差的变化趋势；

(3) 软件失效的平均严酷度随时间的变化趋势；

(4) 进行软件更改所需时间的变化趋势。

这些指标本身并不是软件成熟度的直接量度，而必须将所有指标一起考虑，通常要在完成软件测试计划后开始测定软件的成熟度。

3. 可扩展性

用可扩展性来计算计算机系统应付增加功能和系统用户的能力，可扩展性确保系统交付外场使用后有足够的输入和输出通道数量，系统必须至少有 20%的余量。

4. 软件改进费用

在计算软件改进费用时，需要计算系统软件在规定的时间间隔内必须进行改进的频率。在对当前系统与以前系统或基线系统进行对比时，本参数可能有一定的价值。软件的改进必须与软件的安装，以及由于硬件的改进而导致的其他软件操作区别开来，软件改进费用是用来度量软件开发质量的一种参数。

5. 软件改进费用占寿命周期费用的比例

这是用来度量软件改进费用与系统全寿命周期费用的相对关系的一种参数。其计算方法是用软件改进费用除以系统的寿命周期费用。本参数可以用来比较已规划系统与当前系统之间的相对软件费用，也可以用来确定指定系统的相对软件改进费用在寿命周期不同时间点下的变化情况。必须高度注意将软件改进与软件安装区分开。

9.3.2　与软件设计特性有关的保障性要求参数

(1) 可靠度。软件可靠度是指软件在规定的条件下、规定的时间内完成规定功能的概率，或者说是软件在规定的时间内不引起系统失效的概率。

(2) 平均失效间隔时间(Mean Time Between Failure，MTBF)。在规定的测量时间间隔内，一组或一群最终产品按照正常的任务剖面，在规定的使用条件和环境下，其工作总时间(时间、发射弹药的数量、小时、周期、事件等)除以该产品群体中出现的软件失效的总次数。需要说明的是，失效源不仅包括软件原有的故障，而且包括系统的输入和使用。要在系统的可靠性分配中考虑造成系统失效的软件缺陷，可靠性要求表述为两次相邻失效时间间隔的均值。

(3) 平均失效前时间(Mean Time To Failure，MTTF)。MTTF 是指当前时间到下一次失效时间的均值。对于用户来说，一般关心的是从使用到发生失效的时间的特性，因此一般用 MTTF 更为合适。

(4) 故障密度。故障密度是用来度量在新开发的软件中发现的错误数量的参数。故障密度的计算方法是：已经确定的软件故障的数量除以该软件程序中的代码行数。该参数可作为软件交付时，判断是否应该接收该软件的定量方法。

(5) 软件维护性。软件维护性是指对软件的源代码及其配套文档进行修改的容易程度。通过评估模块大小、复杂程度、可读性、便携性、可追踪性和稳定性来度量软件的维护性。

(6) 平均修复时间(MTTR)。其度量方法为：在规定的条件下和规定的时间内，软件产品总直接维护时间和该产品维护事件总数之和之比。

(7) 模块发布周期。用模块发布周期来计算预期需要定期进行的软件更改的频度和数量。当一个系统投入使用后，有关人员通常要根据模块发布周期来开发并发布新的软件版本。

(8) 机器独立性。用机器独立性来计算软件对机器结构的依赖性。与机器相关的软件受计算机处理器内在结构的约束。一般来说，与机器相关的软件与在多台机器上运行的软件相比，在软件寿命周期内的保障费用更贵。更改处理器就必须更改与机器相关的代码。要对修改与机器相关的代码的各种费用和风险进行评估。

与机器相关的代码所占的百分比随系统类型的不同而不同。通信系统(如网络控制系统)、操作系统以及系统执行程序等可以包含相当数量与机器相关的代码，因为它们的功能与硬件密切相关。

9.3.3 软件保障资源要求参数

(1) 平均延误时间。其度量方法为：在规定的条件下和规定的时间内，软件产品总延误时间和该产品维护事件总数之比。

(2) 可用计算机资源(硬件、软件、固件、文件、保障设备)的范围和数量，占所需计算机资源的范围和数量的比例。在一般情况下，该参数可用来设定在系统部署时，可用计算机资源的数量和范围方面的目标或要求(以百分比形式表示)。

(3) 保障人员数量、合格软件维护人员的可用性等。

9.4 软件保障性试验级别及主要方法

软件保障性试验是软件试验的一个重要组成部分，是贯穿整个软件开发生命周期、对软件产品(包括阶段性产品)进行验证和确认的活动过程。

软件保障性试验，从测试的不同阶段可划分为单元试验、部件试验和系统试验三个级别。

软件保障性试验方法，从是否需要执行被测试软件的角度，可分为静态试验和动态试验；从测试是否针对软件结构与算法的角度，可分为白盒试验和黑盒试验。

9.4.1　软件保障性试验级别

1. 软件单元保障性试验

软件单元保障性试验，也称为软件模块保障性试验，试验的主要目的是验证软件模块内部设计与实现的正确性。软件单元保障性试验通常由软件的研制单位组织实施，需要时可以由专业承试单位或经过订购方认可的第三方测试机构负责实施。

软件单元保障性试验的要求是：

(1) 对软件设计文档规定的单元功能、性能、接口应进行逐项试验；

(2) 试验用例的输入应包括有效等价类值、无效等价类值和边界数值；

(3) 每个软件特性都应被一个正常试验用例和一个被认可的异常试验用例覆盖；

(4) 语句覆盖率和分支覆盖率应达到 100%；

(5) 应对输出数据及其格式进行测试；

(6) 在进行动态试验前，应对单元的源代码进行静态测试。

当采用动态试验方法时，应对单元的功能、性能、接口、局部数据结构、独立路径、错误处理、边界条件和内存使用情况进行测试。

由于被测试的软件模块一般不能独立运行，需要被其他模块调用或调用其他模块，因此，在进行软件单元保障性试验时，应提供若干辅助测试模块。一种辅助测试模块是驱动模块，用于模拟调用单元的程序；一种辅助测试模块是桩模块，用于模拟由被测试单元调用的模块。

2. 软件部件保障性试验

软件部件保障性试验通常是由软件的研制单位组织实施的，需要时可以由专业承试单位或经过订购方认可的第三方测试机构负责实施。

(1) 软件部件保障性试验的主要要求：

① 应逐项测试部件的功能与性能，并进行强度测试；

② 测试用例的输入应包括有效等价类值、无效等价类值和边界数值；

③ 每个软件特性都应被一个正常测试用例和一个被认可的异常测试用例覆盖；

④ 应采用增量法，测试组装新的部件；

⑤ 应测试各部件之间、部件与硬件之间的所有接口；

⑥ 应测试单元与部件之间的所有调用，达到100%的覆盖率；

⑦ 对于安全性关键的部件，应进行安全性分析。

(2) 软件部件保障性试验主要应考查：

① 部件的互操作性，测试单元与部件的接口，部件之间、部件与硬件之间的接口；

② 全局数据结构，测试全局数据结构的完整性，包括数据的内容、格式，内部数据结构对全局数据结构的影响等；

③ 容错性，测试部件对于错误输入、错误中断等情况的容错能力和功能、性能降级情况；

④ 时间特性和资源的可利用性，测试部件的运行时间和部件运行时占用的内存空间；

⑤ 准确性，测试部件运行的准确度和精度(数据处理精度、时间测量精度等)。

(3) 软件系统保障性测试要求：进行软件系统保障性测试时，软件的单元、部件、配置项应都已通过测试，软件系统的相关开发文档都已准备就绪。系统测试应按由小到大、从局部到整体的策略进行。软件系统保障性测试，一般由专业的第三方测试机构负责实施。

① 每个系统特性都应被一个正常测试用例和一个被认可的异常测试用例覆盖；

② 测试用例的输入应包括有效等价类值、无效等价类值和边界数值；

③ 应逐项测试系统的功能与性能，并进行强度测试；

④ 应测试系统在边界和异常状态下的功能和性能；

⑤ 应测试系统访问和数据的安全性；

⑥ 测试系统的输出及其格式；

⑦ 对于关键的安全性系统，应进行安全性分析，并进行有针对性的测试；

⑧ 应测试系统全部存储量、输入/输出通道和处理时间的余量；

⑨ 应测试系统的可靠性、安全性、容错设计方案；

⑩ 应测试系统中的各种接口。

(4) 软件系统保障性测试，可分为以下几种类型：

① 功能测试，重点是测试软件的功能是否符合软件需求规格；

② 性能测试，目的是检查软件运行的性能，这对于实时系统特别重要；

③ 安全测试，目的是测试软件的安全性，即软件的安全访问控制等是否符合安全性要求；

④ 恢复测试，主要测试软件在发生故障时的恢复能力，例如软件的重启、数据恢复等是否正确；

⑤ 文档测试，主要检查软件文档的正确性、完备性和可理解性。

9.4.2　软件保障性试验方法

1. 静态试验方法

静态试验方法的主要特征是在测试源程序时，并不真正运行被测试的程序，而是只进行特性分析。因此，静态试验方法实质上是一种分析方法。常用的静态试验方法主要包括桌面检查、代码审查、静态分析等。

(1) 桌面检查。桌面检查(Desk Checking)，由专业试验检测人员对程序的正确性、完整性、一致性、无歧义性等进行检查，并补充相关的设计文档。

(2) 代码审查。代码审查(Inspections)，是一种多人一起进行的试验活动。实施时，由程序员向同行组成的审查小组说明其工作。评审小组就发现的问题提出意见，并与程序员进行讨论。

(3) 静态分析。静态分析是指对软件进行静态分析，不需执行软件，一般包括控制流分析、数据分析、接口分析和表达式分析等分析方法。静态分析通常需要借助辅助软件工具完成。一般要求程序在通过编译器编译之后再进行静态分析。

2. 动态试验方法

动态试验方法是由计算机执行被测试程序而进行的测试。在进行动态试验时，通常需要选择适当的试验用例执行被测试程序。

软件单元保障性试验一般采用白盒试验方法；软件部件测试以黑盒试验方法为主，白盒试验方法为辅；软件系统保障性测试一般采用黑盒试验方法。无论是白盒试验，还是黑盒试验，试验效率的关键是试验用例的设计与选择。良好的试验用例应当能够尽可能多地覆盖程序的功能或逻辑。

(1) 黑盒试验方法。黑盒试验又称功能试验、数据驱动试验或基于规格说明的试验。黑盒试验是一种从用户观点出发进行的测试，将被测试的软件视为一个黑盒。黑盒试验的主要目的是检查软件的输入与输出关系是否满足规范要求。用黑盒试验方法进行测试时，不必考虑软件的内部结构和内部特性，试验人员只需知道被测试软件的功能或程序的输入输出关系。通常只能选择一些代表性的用例对软件进行黑盒试验。

(2) 白盒试验方法。白盒试验试又称为结构试验、逻辑试验或基于程序的试验。白盒试验是一种根据软件内部逻辑与结构而进行的结构化测试。采用白盒测试时，试验用例的设计应尽可能多地覆盖被测试程序的内部逻辑。

3. 计算机辅助测试

在软件开发的后期阶段，由于软件已十分复杂，因此，一般需要采用计算机对研制的软件进行辅助测试。进行软件测试应尽可能选用测试工具。在选用测试工具时，应当综合考虑测试工具的功能、性能、使用成本与效益、易用性、稳定性、互操作性等因素。

软件测试工具可分为以下四类：

(1) 白盒测试工具。白盒测试工具又可分为静态测试工具和动态测试工具。静态测试工具一般是对程序代码进行语法扫描，找出不符合编码规则的地方，并生成程序的调用关系图；动态测试工具要求实际运行软件，一般采用“插桩”的形式对软件进行测试。

(2) 黑盒测试工具。黑盒测试工具包括功能测试工具和性能测试工具。一般是利用录制和回放功能模拟用户对于软件的操作，然后记录程序的输出并进行比较。

(3) 性能测试工具。性能测试工具是指专门用于程序性能的测试工具。

(4) 测试管理工具。测试管理工具主要是指对测试计划、用例生成、测试活动实施管理的辅助工具。

参 考 文 献

[1] GJB 451A—2005. 可靠性维修性保障性术语[S]，2005.

[2] 马麟. 保障性设计分析与评价[M]. 北京：国防工业出版社，2012.

[3] 单志伟. 装备综合保障工程[M]. 北京：国防工业出版社，2007.

[4] 宋太亮. 装备保障性系统工程[M]. 北京：国防工业出版社，2008.

[5] 武小悦，刘琦. 装备试验与评价[M]. 北京：国防工业出版社，2008.

[6] 龚庆祥. 型号可靠性工程手册[M]. 北京：国防工业出版社，2007.

[7] 徐英，李三群，李星新. 型号装备保障特性试验验证技术[M]. 北京：国防工业出版社，2015.

[8] 张兵志，郭齐胜. 陆军武器装备需求论证理论与方法[M]. 北京：国防工业出版社，2012.

[9] GJB 2072—94. 维修性试验与评定[S]，1994.

[10] GJB 899A—2009. 可靠性鉴定和验收试验[S]，2009.

[11] GJB 1371—1992. 装备保障性分析[S]，1992.

[12] GJB 3837—1999. 装备保障性分析记录[S]，1999.

[13] GJB 3872—1999. 装备综合保障通用要求[S]，1999.

[14] 李金昌. 应用抽样技术[M]. 北京：科学出版社，2007.

[15] 毛保全. 车载武器分析[M]. 北京：国防工业出版社，2007.

[16] GJB 450A—2004. 装备可靠性工作通用要求[S]，2004

[17] GJB 1909A—2009. 装备可靠性维修性保障性要求论证[S]，2009.

[18] 谈乐斌. 火炮概论[M]. 北京：北京理工大学出版社，2014.

[19] Military Standard DoD Requirements for a Logistics Support Analysis Record 1388-1B. 1984.

[20] 黄士亮. 舰炮保障性试验与评价[M]. 北京：国防工业出版社，2014.

[21] 张相炎. 现代火炮技术概论[M]. 北京：国防工业出版社，2015.

[22] 郭霖瀚，章文晋. 装备保障性分析技术及其应用[M]. 北京：北京航空航天大学出版社，2020.